［カラー図解］

これ以上やさしく書けない

銃の「超」入門

小林宏明

ONE PUBLISHING

CONTENTS

第三章 ライフル編

CONTENTS

※本書は2011年7月に弊社より刊行した『カラー図解 銃のギモン100』を増補改訂し、改題したものです。

※銃器写真は一部トイガンを利用しております。 ※見やすくするために、一部の銃のイラストは実物と異なる色で彩色しています。

写真協力：アンクル／東京マルイ／ハートフォード／ノーベルアームズ／タナカワークス／クラフトアップル／
ウエスタンアームズ／TOP／浜田銃砲店 （順不同）

写 真：US Army／US Navy／USMC／DoD／Aimpoint／Mossberg （順不同）

はじめに

　銃、ガン、テッポーを好きな人、意外と多いですよね。逆に、そんなに忌み嫌わなくても、と思うほど銃を嫌悪する人もたくさんいます。日本では一部をのぞいて玩具しか手に入らないのに。

　でも、銃っていろんな点ですごくおもしろいんです。おもしろいから、玩具でも買いたくなるし、メカや歴史も知りたくなる。ひと昔前、銃器ファンは肩身の狭い思いをしていたようですが、昨今では銃の雑誌や解説本も日陰の身ではなくなって、きれいなカラー写真付きの資料やDVDなどの動画資料もふえてきました。

　それでも、カタログ本や専門書がまだまだ多いような気がします。初歩的な、そして素朴なギモンに答えてくれて、気軽に手に取れる本がもっとあってもよいのに。

　この本は、そんな発想から企画され2011年に刊行した「カラー図解 銃のギモン100」の増補改題版です。全体で16頁分、新しい内容を加えました。イラストや写真を交えてできるだけ簡潔に説明し、なおかつ銃がひんぱんに登場する映像メディアの話を随所に差しはさむというコンセプトはもちろん同じです。おもしろそうでしょう？　読み捨ててもかまいませんが、この本に飽きたらなくなったら、前述した美しく詳しい資料や解説本へも手を伸ばしてみてください。

2018年11月　小林宏明

6

第一章

これだけは
知っておきたい編

そもそも銃とはどんなもの？

基本を知ればさらに面白くなる銃の世界

　そもそも銃とはどんなもの？　と訊かれたら——引き金とかいうものを指で引くと射撃音とともに弾丸が飛び出して、それで人を殺す道具？　どうして大きな音がするのかは知らないし、弾丸がなにでできてるかも知らないし、銃にいろんな種類があることも知らない。そう答える人も多いかもしれません。でも、アクションもののドラマや映画やコミックやゲームに銃は不可欠。で、銃のもっとも基本的なことから説明すると、以下のようになります。

　「爆薬と性質のちがう粒状（粉状ではない）の火薬（発射薬）を、密封された空間のなかで燃やし、その結果発生する強いガス圧力を利用して弾丸を発射する武器」。

　つまらない説明ですが、この基本を押さえておけば、銃に関するほかのこともいろいろわかるようになってきます。以下は、もう少し具体的な説明。

　「19世紀半ばごろまでは、細めの筒である銃身に銃口から（黒色）火薬を注ぎ、つぎに弾丸を棒で押し込み、なんらかの方法（火縄銃なら火縄）で火薬に点火し、密封された銃身内に発生するガスの圧力で弾丸を発射する飛び道具。19世紀半ば以降は、薬莢という小さな金属の筒に（無煙）火薬を詰め、その先端に弾丸をきつく嵌め込み、薬莢の底に点火装置（雷管）を仕込んだ一体型のタマを銃身の後尾（薬室）に入れ、薬莢の底を打って火薬に点火し、発生するガスの圧力で弾丸を発射する飛び道具」。

　この仕組みがはじめにわかっていれば、銃によって弾丸の速度、反動、殺傷力、命中率、飛距離など、つまり一般に「威力」と呼ばれるものに違いがあること、使用目的によって拳銃やライフルやショットガンや機関銃などの種類があること、などもわかってきます。銃口の大きさ（＝弾丸の大きさ）を表す「口径」とか、つづけて発砲できる連発式の仕組みとか、さらにはオートマチック（自動）と呼ばれる銃がなぜあんなに速く弾丸を連射できるのかも、きっとわかるようになります。ちなみに、銃は「小火器」ともいいます。

銃の基本的な仕組み

火薬と弾丸を銃口から銃身底まで押しこんでから引き金を引いて火薬に点火する昔の先込め式銃

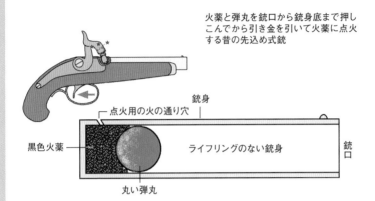

点火用の火の通り穴

銃身

黒色火薬

ライフリングのない銃身

銃口

丸い弾丸

弾丸と火薬と点火装置を金属薬莢で
ひとつにまとめたタマを使う近代以降の銃

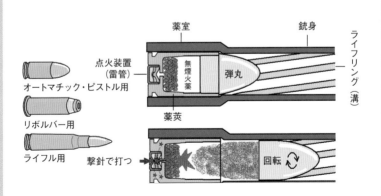

薬室

銃身

ライフリング（溝）

点火装置
（雷管）

無煙火薬

弾丸

オートマチック・ピストル用

薬莢

リボルバー用

ライフル用

撃針で打つ

回転

The Patriot

パトリオット

製　作：2000年　アメリカ
監　督：ローランド・エメリッヒ
キャスト：メル・ギブソン、ヒース・レジャー、他
配　給：コロンビア映画、SPE

　この作品はアメリカ独立戦争を背景にしているので、先込め式銃器のオンパレードである。発射薬、弾丸を銃口から入れる発射手順もわかる。主人公（メル・ギブソン）が鉛でできたオモチャの兵隊をとかして弾丸を作るシーンがみょうに印象的だ。

写真：Album/アフロ

STORY
パトリオット

1776年サウスカロライナ。フレンチ・インディアン戦争の英雄マーティン（メル・ギブソン）は、良き父親となり農夫として生きていた。やがてアメリカ独立戦争が勃発、平和な生活にも戦火が迫る。愛国心を胸に兵士に志願した息子たちだったが、マーティンは同調しない。しかし、目の前で英国軍に次男を殺された時、再び戦士の本能が覚醒した！

リボルバー＝ピストル？

ピストル＝拳銃、リボルバー＝回転式拳銃

　前項の最後で「銃＝小火器（スモール・アームズ）」と説明しましたが、では銃より大型の武器は「大火器（ビッグアームズ）」？　そういう言葉はありません。「重火器」という日本語はありますが、英語でそれにあたる言葉はなく、銃より大型の火器は「砲（artillery アーティラリー）」といいます。

　では、銃のなかでいちばん小型のものはなんという？　ピストル、拳銃、短銃、リボルバーなどを思いつきますが、このうち「リボルバー」は「回転式拳銃」とも呼ばれるので「拳銃」の一種。「短銃」は、一時期"拳"という字が常用漢字として使えなかったため新聞などで使われた言葉で、"短い"銃ならほかにもあるから一種の当て字です。

　銃に詳しいと自認している人たちがときどき主張するのは、リボルバーはピストルではない、という説。リボルバーは「回転式拳銃」で拳銃の一種だから、ピストルのなかに入れていいのではないかとも思えますが、マニアは「ちがう！」というのです。「ピストルとはリボルバーなど存在しなかったころの単発式銃で、発祥の地であるヨーロッパの地名から取った名前であり、その後はおもに"オートマチック・ピストル"のように自動拳銃に使われるようになった言葉なのだ」、と。たしかにそうかもしれませんが、少なくとも現代のアメリカの雑誌や書籍では、ピストルという言葉にリボルバーを含めて使っていることがよくあります。10万ドルを賭けたアメリカの飛び道具選手権『射撃王（Top Shot）』というTV番組でも、リボルバーを"ピストル"とはっきり言っていました。

　根拠のある独断を許してもらえば、本来片手で保持して──近ごろは両手を使うことが多くなっていますが──発砲できるように造られた小火器は、全部「拳銃」であり、ピストル。そのうち、タマを込める穴を5、6個あけたシリンダーがフレームに嵌め込んであり、それを回転できるようにしたものがリボルバーです。

　拳銃は、アメリカではもっぱらhandgun（ハンドガン）、軍隊ではsidearm（サイドアーム）と呼ばれます。

拳銃=ピストル=ハンドガン=サイドアーム

リボルバー (回転式拳銃)

オートマチック・ピストル (自動拳銃)

M16や89式小銃は長くて大きいのに、なぜ「小銃」と呼ぶ?

小銃＝ライフル銃とも言い切れない

「小銃」は英語のsmallarms（スモール・アームズ）を訳したもの、という説があるものの、では「小火器」は英語でなんという? そういう疑問も湧きますが、小銃の説明は混乱していていまだにきちんと説明されていません。「小銃」というのはおもに日本の軍隊用語で、全自動式（フル・オートマチック）のアサルト・ライフル（突撃銃）のような「自動小銃」を指すことが多いようです。でも、ふたつの世界大戦で歩兵に使われた自動でない手動式の肩当て連発銃も「小銃」と呼ばれましたから、「両手持ちの軍用歩兵銃」と定義したほうがいいかもしれません。中国では、小銃のことを「歩槍」といいます。

小銃＝ライフル銃という考え方もありますが、もともとライフルとは弾丸に回転を与えるため銃身の内側に彫られている数本の溝、つまり旋条（ライフリング）のことですから、それでは旋条が彫られている現代の拳銃や機関銃（マシンガン）まで「小銃」の範疇に入るかというと、そんなことはありません。拳銃弾より火薬の量が多く、エネルギーの高いライフル弾を発射する銃、という説明もありますが、やはりライフル弾を発射する機関銃は小銃の範疇に入りません。

いっぽう、「小火器」の定義ははっきりしています。「ひとりで携行することができ、片手または両手で発砲できるおもに軍隊の武器。短機関銃（サブマシンガン）、機関銃もこのなかに入る」。

19世紀半ばまで、銃身の長い長身銃には旋条が彫られていなくて、それは「マスケット（銃）」と呼ばれました。火薬と弾丸を銃口から込める先込め式銃（マズルローダー）で、その銃に旋条を彫ったものが「ライフル・マスケット」と呼ばれるようになりました。銃身だけで1mほどもあり、その銃身をどんどん短くしていって小型にしたのが現代のライフル銃ですが、いずれにしろ「小銃」という言葉とは結びつきません。

89式小銃

自衛隊が装備する国産自動小銃。64式小銃に代わる新型小銃として豊和工業が開発した。

各時代の軍用歩兵銃

旋条が彫られていない先込め式銃（マスケット）

連発式ボルト・アクション・ライフル

アサルト・ライフル（突撃銃）

オートマチックってなにが自動?

発砲後に排莢と給弾を自動的にしてくれる機構

　連続してタマを撃てる銃では、引き金を引いて弾丸を発射したあと、空薬莢を外に蹴り出してから、次弾を薬室（チェンバー）へ送り込みます。このふたつの過程を、射手がなんの操作もしないでできるのがオートマチック（自動）銃です。

　引き金を引きっぱなしにしていればタマがなくなるまで撃てるのが全自動（フル・オートマチック）、1発撃つたびに引き金を引かなければならないのが半自動（セミ・オートマチック）と呼ばれます。どうすればそんなことができるのかというと、おもに三つの方法があります。

　まずは、①火薬が燃えるとき発生する後方への吹き戻し圧力（ブローバック）を利用する方法です。火薬が密封空間で燃える圧力は弾丸を前方へ押し出しますが、同時に薬莢を後方へも押し戻します。オートマチック銃では、押し戻される薬莢が銃身後尾にある薬室から外へ蹴り出される仕組みになっていて、カラになった薬室には弾倉（マガジン）からもちあがってきたタマが押し込まれ、つぎの発砲に備えます。

　弾丸を撃ち出したあとにくる②反動の力（運動の法則の反作用）（リコイル）を利用する方法もあります。火薬の量が多いタマの場合、吹き戻し圧力が強すぎて命中率が悪くなったり射手が危険だったりするので、一瞬ですが圧力が下がるまで薬室に栓（蓋）をしておき、その後、反動の力を利用して薬室を開くという方法です（80ページ参照）。

　オートマチック・ライフル、とくに軍用のアサルト・ライフルの場合は、③燃焼ガスそのものを利用する方法（122ページ参照）を採っています。弾丸を銃口へ押し出す発射ガスを、銃身前方に小さくあけた穴から細い円筒（ガス・シリンダー）（銃身と縦にならんでいる）へ取り込み、薬室を閉じている栓をそのガスの力で強制的に後退させるのです。

　おもにピストルでは吹き戻し圧力と反動、ライフルでは発射ガスを利用し、自動的に薬室をカラにし、自動的に次弾をそこへ送り込むのです。

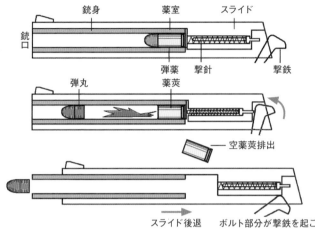

オートマチックの動作

吹き戻し圧力を利用するオートマチック・ピストル

銃身　薬室　スライド

銃口

弾薬　撃針　撃鉄

弾丸

薬莢

空薬莢排出

スライド後退　ボルト部分が撃鉄を起こす

次弾が弾倉から
もちあがってくる

戻ってきたスライドが次弾を
薬室に押し込む

空薬莢の排出の様子。

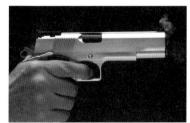

スライドが元の位置に戻り、次の発砲が可能
な状態。

シア？ ボルト？ 銃器用語はなぜ 馴染みのないカタカナだらけなのか？

他分野の例に漏れず専門用語はわかりにくい

　シアは「逆鈎（ぎゃっこう）」、ボルトは「遊底（ゆうてい）」と日本語ではいいます。カタカナでも漢字でもわかりにくい言葉ですが、シアというのは、一般に歯車の回転を一時的に止めておくために噛ませる「歯止め」のことです。多くの銃では、引き金を引けばこの「歯止め」がはずされて発砲にいたります。ボルトというのは、タマを入れておく薬室（チェンバー）に栓、あるいは蓋をする金属の塊のことで、開け閉めができるものです。これを操作して薬室をしっかり塞いでおかないと、火薬の熱い燃焼ガスが後方に漏れて危険だし、それを恐れて火薬の量を少なくすれば弾丸の威力も落ちてしまいます。

　だったら、わかりやすくシアは「歯止め」、ボルトは「金属栓」などと言い換えたらわかりやすくなるでしょうか？　でも、銃器の分野にかぎらず、専門用語は一般人に馴染みがなくわかりにくいのがつねで、車用語だって、パソコン用語だって、建築用語だって似たようなものです。あまり平易な日常語に置き換えてしまうと、かえって混乱がおきたり、定義を正確に伝えられなかったりする可能性もあります。また、「マグナム」とか「コック」のように、平易な日本語に置き換えられない用語もたくさんあります。それでも銃器用語は難解すぎるし、混乱している（例："ブリーチブロック"と"ボルト"は同じ？）ことはまちがいないので、折にふれて改善する努力はするべきでしょう。

　しかし、銃に興味があって少しでも知識をふやしたいと思っているのなら、用語をそのままおぼえたり、意味を勉強したりする努力も必要です。ネット上で銃器に関するごくごく初歩的な質問を見かけることがあり、もう少し自分で調べてから尋ねたほうが知識が身につくのに、と思ったりします。ひと昔まえとちがって、書籍でもネットでもためになる資料がふえてきていますから。

銃器用語Q&A

Q1 マグナム について正しいのはどれ?

ⓐ 回転式拳銃(リボルバー)のこと
ⓑ 銃口から吹き出す火花のこと
ⓒ 弾の種類のひとつ

Q2 ブリーチ・ブロック について正しいのはどれ?

ⓐ 回転式拳銃の弾を入れる部分
ⓑ 銃身後部の薬室に栓をする塊
ⓒ 機関銃の三脚を取り付ける部分

Q3 カートリッジ について正しいのはどれ?

ⓐ 弾丸・発射薬・点火薬・薬莢が
   一体となったもの
ⓑ 銃に差し込む、弾薬が何発も
   入っている箱
ⓒ 銃を携帯するために身につけ
   るケース

Q4 アンビ について正しいのはどれ?

ⓐ 赤や青といった派手な色をした
   銃
ⓑ 左右どちらの手でも問題なく操
   作できるデザインのこと
ⓒ アメリカの銃器パーツメーカー

A1 ⓒ
元々は、ワインの大瓶を指す言葉だったのが、「大きくてパワーのある弾」の製品名としてインパクトを求めて使われるようになり、その後「火薬を増やして威力を増した弾」を指す言葉として定着した。一部の大口径リボルバーについては、「マグナム弾を撃つ銃」という意味で銃そのものを「マグナム」と呼ぶこともある。

A2 ⓑ
「ブリーチ」は銃身の後ろ側を指す言葉。つまり、銃身後端の薬室を塞ぐ塊のことを「ブリーチ・ブロック」という。ボルトと同じ意味だが、スライドなどがボルトの役目をはたすオートマチック・ピストルなどで使うことが多い。

A3 ⓐ
弾の発射に必要な部品がすべて一体となったものを「カートリッジ=弾薬」という。ⓑは「マガジン=弾倉」、ⓒは「ホルスター」。

A4 ⓑ
かつては銃は右利きの射手が操作できるデザインであればそれでよく、左利きの場合は頑張って右で操作するか、不便な思いをするか、あるいは銃を改造するなどして対処する必要があった。現在では左右どちらの手を使っても問題なく操作できるようなデザインであることが求められるようになっている。

タマは**カートリッジ、ブレット、アモ?**

飛んでいくのは弾頭のみ。弾薬全体は飛んでいかない

　本書で「タマ」という書き方をしているものは、正確には「弾薬」のことです。「弾薬」とは、底を塞いだ金属製の小さな円筒のなかに（無煙）火薬を適量入れ、先端に椎の実のような形をした弾丸をきつく嵌め込み、底の中央にボタン電池のような形をした点火装置（雷管）を埋め込んだもののことです。カタカナでは「カートリッジ」と書きます。19世紀半ばに発明されたもので、それ以前に弾薬はなく、火薬と弾丸をべつべつに銃口から装填していました。火薬への点火薬もまたべつでした。

　銃口から飛んでいくのは「弾丸（あるいは弾頭）」で、カタカナでは「ブレット」と書きます。専門用語では、「プロジェクタイル（発射体）」といいます。火薬を充填してある金属製の円筒は「薬莢」といい、カタカナでは「（メタリック）ケース」あるいは「ブラス（真鍮）」と書きます。

　だから、小説や映画の台詞にたまに出てくる「銃に弾丸を込めた」という言い方は、昔の銃なら通用するものの、現代では不正確です。銃に「弾薬」を込め、引き金を引いて火薬を発火させ、「弾丸」を発射するのです。また、銃口から"弾薬"は飛んでいきません。

　でも、娯楽メディアの台詞で弾薬と弾丸をいちいち区別するのもどうかと思われるので、「銃に弾（タマ）を込めろ！」とか「銃が弾（タマ）切れになった」いう言い方ならなんの問題もなく、目くじらを立てる必要はありません。

　"アモ"というのは、「アミュニション（実包）」を縮めた言葉で、和製英語ではありません。カートリッジと同じく弾薬のことですが、より広い意味をもち、大砲の弾薬を指すときにも使えるし、薬莢がプラスティックや紙で造られているショットガン（散弾銃）の弾薬を指すときにも使えます。

主な弾薬の種類

軍隊で使うライフル、マシンガン用の弾薬と、自動で作動するオートマチック・ピストル、サブマシンガン用の弾薬は、一般的に弾丸を被甲してある弾薬を使う。いっぽう、リボルバー用の弾薬は弾丸の先端だけ鉛をむき出しにしている弾薬を使うことも多い。

ライフル用
マシンガン用
弾薬

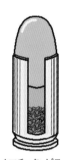

オートマチック・ピストル用
サブマシンガン用
弾薬

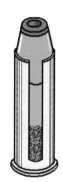

リボルバー用
弾薬

弾丸発射直後の状態

弾丸　　　薬莢(ケース)

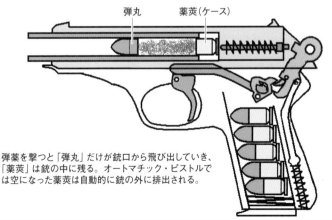

弾薬を撃つと「弾丸」だけが銃口から飛び出していき、「薬莢」は銃の中に残る。オートマチック・ピストルでは空になった薬莢は自動的に銃の外に排出される。

弾丸はどれくらい飛ぶのか?

想像以上の飛距離で、流れ弾も結構危険

　このような疑問が湧くのはもっともですが、銃、または使う弾薬によってぜんぜんちがう、としか言いようがありません。もっといえば、弾丸の飛ぶ距離には「最大射程」と「有効射程」というものがあって、「だいたい〜メートル」というふうにひと口に答えることはできません。また、同じタマであっても、撃ち出す銃身の長さ、弾丸の形状や重さ、気温や天候、さらには気圧、海抜によってもちがいが出てきます。

　それでも、もっとも小さな部類に入る22 LR 弾という直径わずか5.5mmほど、全長15mmほどの弾丸が、平均的条件のもとで最大約1.5kmも飛ぶのは驚きです。同じ22口径でも223レミントンという軍用ライフルにも使われるタマ(=5.56×45mmNATO)の弾丸は、最大で約3.5kmも飛びます。いっぽう、丸い散弾を撃ち出すショットガン(散弾銃)でも、鹿撃ち用の00(196ページ参照)弾で最大約500〜600m飛びます。

　しかも、地面に落ちる寸前まで飛んだ弾丸が最後に有するエネルギーは、22LR弾の場合0.69kgmで、全米ライフル協会の資料を参考にすれば、ショットガンの「12番径のマグナム弾の2号散弾(つまり、6.8mmほどの球弾)1発が約50m先の標的に当たる打撃力に匹敵する」そうです。致命傷にはならなくても深刻な怪我を負わせる可能性があるほどです。223レミントンとなると、最後に有するエネルギーは2.49kgmになります。真上の空に撃ったあと落ちてきた弾丸もかなり危険だといわれますが、いわゆる「流れ弾」も無視できないほど危険ということになります。

　最大射程は空気が薄くなって気圧が低くなるとさらに延び、3000mを超す富士山くらいの高度では平均海面にくらべて約4割も増すとされています。

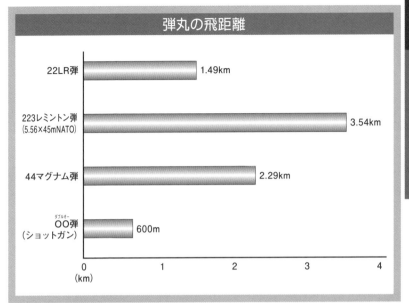

弾丸の飛距離

- 22LR弾 ... 1.49km
- 223レミントン弾（5.56×45mNATO） ... 3.54km
- 44マグナム弾 ... 2.29km
- OO弾（ショットガン） ... 600m

弾薬	弾頭重量（グラム）	初速（メートル/秒）	平均海面での最大射程（km）
22LR　ホローポイント	2.33	390	1.38
22LR　ソリッドポイント	2.59	383	1.49
22ウィンチェスター・マグナム・リムファイアー（WMRF）	2.59	610	1.65
223レミントン　ボートテイル SP	3.56	988	3.54
243ウィンチェスター　フラッドベース	6.48	902	3.66
30-30ウィンチェスター	11.02	671	3.35
30-06フラットベース	11.66	823	3.81
30-06ボートテイル	11.66	823	5.18
38スペシャル　ワッドカッター	9.59	235	1.52
38スペシャル+P	10.24	271	1.95
9mmパラベラム	7.97	341	1.73
357マグナム	10.24	376	2.16
45ACP	14.90	261	1.34
44マグナム	15.55	424	2.29

American Sniper

アメリカン・スナイパー

製　作：2014年　アメリカ
監　督：クリント・イーストウッド
キャスト：ブラッドリー・クーパー、シエナ・ミラー 他
配　給：ワーナー・ブラザーズ

米軍最強のスナイパー、クリス・カイルの壮絶な人生を描く本作には狙撃用ライフルの傑作が数多く登場する。中でもラスト近くの遠距離狙撃シーンで使用されるボルトアクション式対物ライフル、マクミランTAC338は世界最長狙撃を記録したライフルとして名高い。

写真：Album／アフロ

STORY
アメリカン・スナイパー

テキサスに生まれ厳格な父親のもとで育ったクリス・カイルは、厳しい訓練を経て米海軍特殊部隊ネイビーシールズに配属される。卓越した狙撃の才能で伝説のスナイパーとしてその名を轟かせるクリスだったが、戦場での凄惨な体験により心に深い傷を負っていく。そして、帰国した彼を待っていたのは更なる過酷な運命であった…。

38口径の「38」は なにを表している?

混乱しやすいインチとミリメートルの違い

　口径については、【弾薬編】(211ページ)で基本的なことを述べていますが、銃でわかりにくいことのひとつです。1970年代に銃に関するカラーのムック本が出版され、なかに「弾丸」という見開きページがあり、口径の解説も要領よく正確にまとめられていました。でも、知識をかじりかけだと、きっと理解するのにひと苦労したはずです。

　というのも、「谷径」「縁打ち式」「ホロー・ポイント」「ワッドカッター」などの銃器用語もさることながら、「.38スペシャル」「9ミリ・パラベラム」「357マグナム」(すべて原文のママ)など、切りの悪い数字やそのあとの単語の意味に解説がされていなかったからです。しかも、数字の前に小数点が付いていたりいなかったり。

　数字のあとの単語について先に説明しておくと、これは商品名、モデル名みたいなものです。タマは昔とちがい、弾丸と火薬を一体にした"弾薬"となり、弾丸の形状も一様に球形でなくなって工夫されるようになったので、弾丸の直径を表す数字だけでは言い表せなくなり、さして意味のない固有名詞をつけたのです。

　数字のほうは、直径を表しています。単位はインチかミリで、小数点が付いているほうがインチです。でも小数点を付けないで表すこともあり、上記の「357マグナム」がそれですが、「38口径」と言い表した場合、"38インチ"でなく、あくまで"0.38インチ"です。メートル法に換算すると、38インチは約960mmとなり、そんなに太く大きい弾丸があるはずがありません。ミリで表すのはおもに軍用小火器の口径で、「9×19mm」などと表記し、「(×)19」とは薬莢の長さをやはりミリ単位で表すものです。

　数字の切りの悪さにはいくつか理由があります。換算して表したため端数が出たとか、弾丸が球形でないのでどこの直径を測ったかによって端数が出たとか、さまざまです。

銃の口径

銃の口径はライフリングの山径のことを言う

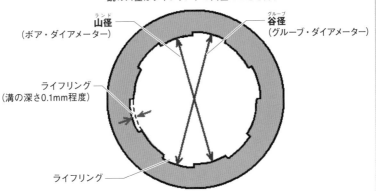

山径（ボア・ダイアメーター）

谷径（グルーブ・ダイアメーター）

ライフリング（溝の深さ0.1mm程度）

ライフリング

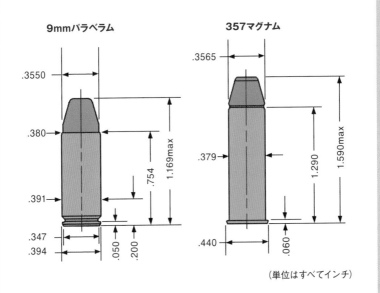

9mmパラベラム

357マグナム

（単位はすべてインチ）

ガン・メーカーは
アメリカとドイツに多い?

新商品開発にも意欲的な各国の新興メーカー

　アメリカにはコルト、スミス&ウェッソン、レミントン、スターム・ルガー、ウィンチェスター。ドイツにはヘッケラー&コック、マウザー、ワルサー、SIGザウアー。たしかに、世界の大手ガン・メーカーはアメリカやドイツに多いように見えます。でも、たとえばコルトはもう民間向けの開発から手を引いているし、ウィンチェスターは商標を残したまま外国に身売りしてしまったし、マウザーやワルサーは敗戦によって大幅に事業を縮小せざるをえなくなりました。

　だから、イタリアの世界一古い大メーカーのベレッタを除けば、昔のこのような大手より新興のメーカーのほうが元気があって銃の開発にも意欲的といえます。その筆頭は1980年代にポリマーという素材を世界に認知させたオーストリアのグロックでしょう。また、ベルギーのファブリック・ナショナル（FN）も軍用のアサルト・ライフルの開発に意欲的です。当初ベレッタとスミス&ウェッソンのコピー銃をライセンス生産していたブラジルのトーラスも、頭角を現してきています。SIGザウアーは本来のザウアー&ゾーンに戻って、ふたたび良質な銃を世に送り出しています。

　目を見張るのは、ロシアと中国です。ロシアはソ連崩壊後、国営だった工廠を民間会社に衣替えさせ、イズマッシュでは老カラシニコフを先頭に立てて続々と新ライフルや新サブマシンガン、そしてショットガンを開発しています。今時めずらしくアバカンとかビゾンとかサイガなどと愛称を付けています。中国でも、元人民解放軍の兵器工廠を統合、民営化した中国北方工業公司（ノリンコ）が、小火器の開発に旺盛な意欲を燃やしています。5.8×42mmという独自のタマを使うブルパップ式の95式自動歩槍（＝アサルト・ライフル）は、1995年に開発され、中国軍に配備されています。

銃器メーカーのロゴ

マウザー
（ドイツ）

ヘッケラー＆コック
（ドイツ）

ワルサー
（ドイツ）

ルガー・ファイアーアームズ
（アメリカ）

キンバー
（アメリカ）

SIGザウアー
（ドイツ）

レミントン
（アメリカ）

ベレッタ
（イタリア）

コルト
（アメリカ）

スミス＆ウェッソン
（アメリカ）

パラオーディナンス
（カナダ→アメリカ）

グロック
（オーストリア）

暴発はどのようにしておこる?

うっかり暴発と、機械トラブル暴発

暴発の原因は大きく分けてふたつ考えられます。銃を手にしている人の不注意、銃の機械的なトラブルのふたつです。後者には、銃の専門用語で「ハングファイアー」とか「クックオフ」とか「スラムファイアー」とかいう現象を含んでもよいかもしれません。

操作できる安全装置が付いていないリボルバーではめったにありませんが、それ以外の銃で安全装置がかかっていると思い込んで銃をいじっていたり、タマが入っていないと信じ込んでうっかり引き金を引いてしまったりして発砲がおこる暴発は、防ごうと思えば防げるものです。ただし、銃を落としたり、なにかに引き金を引っかけたりした拍子に暴発がおこることもあります。

いっぽう、上に専門用語で書いた暴発は、銃自体に起因するものです。ハングファイアーは日本語で「遅発」といい、引き金を引いても発砲まで間があくことです。うっかり銃口をのぞいたりしようものなら、しばらくして弾丸が発射され、大怪我を負うか死んでもおかしくないですが、銃をなにもない方向へむけていればとくに問題ありません。

クックオフとスラムファイアーは、連射できる銃に特有の暴発現象です。クックオフというのは、連射しているうちに銃がとても熱くなり、薬莢のなかの火薬が自然発火して、引き金を引かないのに弾丸がつぎつぎに発射されてしまう現象です。

スラムファイアーは、安あがりに造られた全自動のサブマシンガン（短機関銃）の俗称として使われる言葉で、暴発とはニュアンスがちがうかもしれません。でも、機械的トラブルのためタマの底を打つ撃針が突き出たまま動かなくなり、射撃をやめようとして引き金を戻しても故障した撃針のせいで発砲がつづいてしまうスラムファイアーもあって、この場合は射手の意志と関係なく発砲をコントロールできなくなります。

暴発の起こるシチュエーション例

①安全装置がかかっていると思い込んで引き金を引いてしまった

②銃を落としたり、引き金を何かにひっかけた

③なんらかの理由で、引き金を引いてからしばらくして弾丸が発射される（ハングファイアー）

④連射しているうちに銃が高熱となり、自然発火してしまう（クックオフ）

⑤安物のサブマシンガンで、一度発砲したら弾倉のタマがなくなるまで発砲が続いてしまう（スラムファイアー）

暴発を防ぐために、射撃レンジや射撃競技場では拳銃本体から弾倉を抜き、さらに薬室内にもタマがないことを示すため、スライドを引ききりスライド・ストップをかけておくのがマナーである。また、射撃直前まで引き金には指をかけないのが常識となっている。

水中でも銃は撃てるか?

初弾は撃てるし、特殊部隊用の水中銃も開発されている

　弾丸と火薬と点火薬をべつべつに詰めていた昔は、水中はおろか、雨が降っても発砲できませんでした。点火薬が不要になった時代でも、銃は湿気に弱い武器でした。

　でも、火薬が金属の筒（薬莢）に密封され、湿気を寄せつけなくなると、雨降りだろうと水中だろうと発砲が可能になりました。水中だと銃身の内部に水が入って火薬の燃焼圧力が異常に高くなり、銃身が破裂するのではないか、という心配もありましたが、ほとんど杞憂です。ただし、弾丸は空気抵抗よりはるかに強い水圧の抵抗を受けるので、射程がずいぶん短くなるし、弾道も安定しません。パワーもすっかり落ちてしまいます。

　だから、よほど近距離からでないと、水中では対人用の武器として役に立たない可能性が大です。ライフルか拳銃かによってもちがいますが、距離が5m以上はなれたら相手は怪我さえしないかもしれません。また、自動の連発銃では銃のなかに水が入って、機械的トラブルをおこすことも考えられます。ある実験では、最初の弾丸は撃てたものの、空薬莢が引っかかって外へ出なくなり、2発目が撃てなくなりました。

　水中発砲の問題点を解決したのが、旧ソ連です。特殊部隊用に水中ライフルAPSと、水中ピストルSPPを開発しました。ともに火薬を使って連発で撃てる軍用銃です。ライフルは直径5.66mmのダーツのような弾丸を発射できて、水中での有効射程は水深により10m～30m、弾倉には20発収納できます。1989年11月、マルタ島でおこなわれたブッシュ大統領とゴルバチョフ書記長の米露首脳会談のとき、海中で警護にあたった16名のフロッグマン（水中工作員）がかかえていました。

　水中ピストルのほうは、ダーツ弾丸の直径が4.5mmで、有効射程はライフルの半分ほどですが、4連発です。銃身を4本束ね、引き金の真上あたりのフレームを基点にして銃身を折り、後尾からダーツ弾丸を込める全長約25cmの大きな拳銃です。

APS 水中アサルト・ライフル（口径5.66mm 弾丸長115mm）

全長：614/823mm（ストック伸張時）、重量：2.4kg。水中で威力を発揮できるように、通常のライフル弾よりも長いダーツのような弾丸を発射する。銛（モリ）などの漁具に近い発想だ。

弾薬

映画『イントゥ・ザ・ブルー』── Into the Blue ──

写真：Everett Collection/アフロ

この映画で登場する水中銃は、見た目はダイビング映画等に登場するゴムでモリを飛ばすタイプに似ているが、ショットガンの弾薬を装填してモリを飛ばすタイプである。当然凄まじい威力でモリは水中を突き進む。

製作：2005年 アメリカ　監督：ジョン・ストックウェル　キャスト：ポール・ウォーカー、ジェシカ・アルバ、他
発売元：20世紀フォックス ホーム エンターテイメント

STORY
イントゥ・ザ・ブルー

バハマ沖で主人公たちは、伝説の沈没船の痕跡を見つけるが、そばに麻薬を満載した飛行機も発見…。飛行機の件を警察に話せば、現場は封じられ宝の船にも近づけなくなる。そこで飛行機の存在はしばらく秘密にし、船の探索を始めたが…。

銃に**左利き用**、**右利き用**はあるのか？

現行の軍用銃では左利き用の銃は存在しない

　少数派であっても左利き用の銃がもしなかったら、なにか不都合なことがあるでしょうか？　あるともいえるし、ないともいえます。たとえば、自動式（オートマチック）の銃だったら、1発撃つごとに空薬莢が外へ飛び出る構造になっていますが、右利きだろうと左利きだろうと、熱い空薬莢が顔面に当たったら悲劇です。そのため、銃を撃つ人が右利きなら空薬莢が右斜め上方へ、左利きなら左斜め上方へ飛んでいけばその心配はいりません。

　ところが、左利きでも状況によって銃を右手に持ちかえてかまえることもあるし、ライフルでなく拳銃なら腕を伸ばして撃つことが多いので、空薬莢が顔面を直撃する可能性は低くなります。撃ちにくさはさほど感じないはずです。ただ、オートマチック・ピストルの場合、安全装置や弾倉（マガジン）を抜くボタンがたいてい銃の左側に付いていて親指で操作するようになっているので、左利きの人にはとてもやりにくい。それでも、利き腕を考慮した銃を2種類生産していたらメーカーは採算が取れなくなるため、左利き用の銃は本来存在しません。

　例外がひとつだけあります。ボルト・アクションという手動式の連発ライフルの場合です。命中率がよくて狩猟や狙撃によく使われるこのライフルは、1発撃つごとにボルト・ハンドルという部品を手で前後に動かして空薬莢を外に出し、次弾を薬室（チェンバー）に押し込みます。通常ボルト・ハンドルは銃の右側に付いていて、これを操作すると空薬莢は右上方へ飛んでいきますが、左利きの人にはとてもやりづらく、時間もかかります。

　このタイプのライフルは、19世紀末に開発されたもので、すでに一部を除いて軍用ではなくなっていますから、もっぱら狩猟愛好家や長距離射撃競技の選手たちが使います。それで、たとえ割高になっても、彼らは特別注文で左利き用の銃を造ってもらったりしています。

左手では使いにくい拳銃

SIG P220
自衛隊が採用している拳銃

左側面だけに各操作レバーが集中している。

右側面には何も操作レバーがない。

左手でも使いやすい拳銃

ベレッタ 92FS
アメリカ軍が採用している拳銃

左側面にスライド・ストップやマニュアル・セイフティ、マガジン・キャッチがある。

右側面にもマニュアル・セイフティがある。

ボルト・アクションとかレバー・アクションなど、銃のアクションとはなにか?

手動式連発銃の排莢・給弾をおこなう操作と、拳銃の撃発機構がある

　アクションとは「動作、行動」という意味ですが、銃器用語で使われる場合にはひとつの意味に絞れません。①ボルト・アクション、②レバー・アクション、③ポンプ・アクションという言葉は、ライフルなどの銃身の長い銃の"手動操作"を表すために使われます。いっぽう、シングル・アクション（SA）、ダブル・アクション（DA）という言葉は、拳銃の"撃発機構"を表すために使われます（60ページ参照）。

　①の銃はボルト・ハンドルという部品を手で操作、②の銃は用心金（トリガー・ガード）を延長したレバーを手で操作、③の銃は銃身の下にあるもう一本の筒（筒形弾倉（チューブラー・マガジン））に被せた先台（フォアエンド）という部品を手で操作して、それぞれ「タマを薬室（チェンバー）に入れ、引き金を引いて発砲したあと空薬莢を外に出し、またタマを薬室に入れる」という作業をくり返します。

　この三つのうち、③の方法はほとんどが連発式ショットガン（散弾銃）に用いられ、先台を前後にスライドさせる操作なのでスライド・アクションとも呼ばれます。①と②の方法はショットガンにもライフルにも用いられますが、①はヨーロッパで、②はアメリカでほぼ同じ19世紀後期に開発、改良されました。

　マウザー（モーゼル）に代表される①のライフルと、ウィンチェスターに代表される②のライフルをくらべると、いくつかの点で前者のほうがすぐれています。①は内部構造のおかげで薬莢の長い強力なライフル弾を撃つことができ、銃がブレにくいので命中精度もよく、地面に伏せて撃つのにも支障がありません。②は内部構造のせいで強力なタマを撃てないし（それで、開発国のアメリカでは軍隊に採用されたことが一度もありません）、地面に伏せて撃つときには操作するレバーが邪魔になります。ただし、①は②とくらべて若干大きく重くなるのが欠点といえるかもしれません。

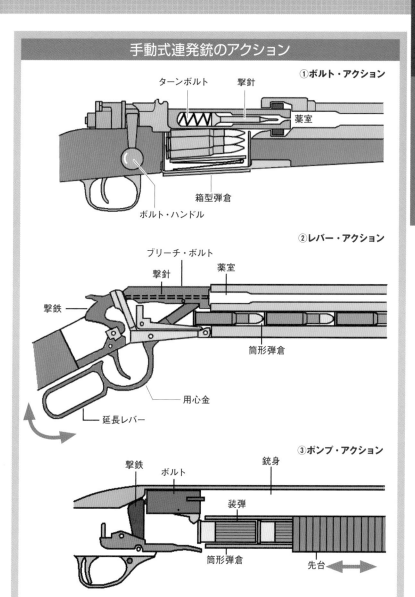

手動式連発銃のアクション

①ボルト・アクション

ターンボルト 撃針 薬室

箱型弾倉

ボルト・ハンドル

②レバー・アクション

ブリーチ・ボルト

撃針 薬室

撃鉄

筒形弾倉

用心金

延長レバー

③ポンプ・アクション

撃鉄 ボルト 銃身

装弾

筒形弾倉 先台

　T-800ターミネーターが、レバー・アクションのウィンチェスター
M1887ショットガンをバイクに乗りながら片手でクルリと回し、軽々
とスピンコックして連射するシーン。片手で排莢・給弾するために、レ
バー・アクションの操作をうまく利用した派手なガンプレイのひとつだ。

ターミネーター2

製　　作：1991年　アメリカ
監　　督：ジェームズ・キャメロン
キャスト：アーノルド・シュワルツェネッガー、リンダ・ハミルトン、他
配　　給：トライスター・ピクチャーズ、東宝東和

写真：Moviestore Collection/AFLO

STORY
ターミネーター2

時代は前作から10年後。少年に成長した、のちに未来の人間の指導者となるジョン・コナーを殺すため未来から最新型のターミネーターT-1000がやってくる。ジョンを守るために送られた前作と同じタイプのT-800、息子を守るために女戦士に変貌したジョンの母サラを加え、人類の未来をかけた戦いが始まる。

現代の**銃の重さ**はどれくらいか?

用途や使用弾薬によって同じカテゴリーでも重さはさまざま

そもそも銃は軽いほうがいいのか、多少重いほうがいいのか。一概には言えません。軽いと携帯するとき楽ですが、反動を考えると強力なタマは撃ちにくい。もちろん小型の拳銃とライフルではちがってくるので、タマとのバランスを考えなくてはなりません。強力なタマを撃てることで有名なライフルの大きな口径のモデルをある人が撃ち、肩の脱臼を含めて全治3週間の怪我を負ったという報告もあります。

このとき使われたウェザビーというライフルは、重量が5kg弱のものでした。拳銃では、ハンド・キャノン（手持ち大砲）とあだ名されるほど大口径のデザート・イーグルは、50口径（直径12.7mm）の弾丸を撃てますが、銃自体の重さも約2kgあります。

いっぽう、軍用のアサルト・ライフルであるM16は、反動の少ない小口径弾を使って命中率がよいとされていますが、重さは約3.5kgです。軍用拳銃である9mm口径のベレッタM92Fの重さは、1kg弱です。第二次大戦時、アメリカの歩兵に支給されたM1ガランドというライフルは、射程の長い大きなタマを撃つもので、重さは約4.5kgありました。拳銃は45口径（直径11.43mm）のM1911（ガバメント）というモデルで、重さは1kg強でした。

大戦後、1960年代から80年代にかけて、銃の素材に大きな変化がありました。ライフルの銃床にはファイバーグラスなどの樹脂が使われるようになり、銃が軽量になりました。軍用ライフルの運用のしかたが、大きな弾丸を使った遠距離射撃から、小さな弾丸を高速で連射する近・中距離射撃に変わったという背景も一因です。拳銃でも、軽いアルミ合金やポリマーという強化プラスティックが使われるようになりました。ポリマーを多用したグロックというオートマチック・ピストルは、わずか700gという軽さです。

銃の口径・重量分布

重い

— 8000g

PSG-1
7.62mm / 8100g

— 6000g

M1 ガランド
7.8mm / 4300g

M14 ライフル
7.62mm / 4500g

ウェザビーマークⅤライフル
11.6mm / 4700g

— 5000g

5.56mm　　7.62mm　　9mm　　　10.4mm　11.4mm　　12.7mm

— 4000g

小口径

M16A1
5.56mm / 3500g

大口径

デザート・イーグル .50AE
12.7mm / 2053g

— 3000g

ベレッタ M92F
9mm / 970g

— 2000g

グロック 17
9mm / 703g

— 1000g

M1911A1
11.4mm / 1130g

M36 チーフスペシャル
9mm / 554g

軽い

レミントン・ダブルデリンジャー
10.4mm / 312g

銃身内側の溝は**螺旋状**ではない?

螺旋階段のような溝が彫られているという誤解

銃身内側に彫られている溝は、弾丸に回転を与えてまっすぐ飛ばすための工夫で、15世紀後期から採用されていました。ライフリング、旋条（せんじょう）、腔綫（こうせん）などと呼ばれていますが、この溝がなかったころにくらべて格段に弾丸が命中するようになったので、一時は悪魔の仕業などと思い込まれ、銃への採用を禁止されたほどです。

その後19世紀に、火薬と弾丸を銃口からべつべつに入れる先込め式（マズルローダー）の銃で本格的に採用され、「ライフル・マスケット」という銃が生まれて、タマを銃尾から装填する元込め式（ブリーチローダー）の銃になった現在でも、ショットガン（散弾銃）以外の銃にかならず彫られています。ところが、この旋条を「銃身内側に螺旋状の溝を切ったもの」と解説している資料がけっこう多くあり、筒状の銃身の内部にコイルばねとか螺旋階段のような溝が彫られている、という誤解が広まることとなりました。

正しくは、「銃身の内側に0.1mmほどの深さで彫られた数本の斜線」です。ためしに紙を一枚用意して、そこに太いマーカーなどで直線を左上がり、または右上がりに数本描いてみてください。それから適当な太さに紙を丸めて筒状にし、上からでも下からでものぞいてみるのです。すると、右ページのイラストのように見えるはずです。この見え方が、「螺旋」と誤解される原因となったのでしょう。

銃を使った犯罪がおきたとき、もしも弾丸を回収することができたら、法執行機関の鑑識はそこに付いた傷である「旋条痕（せんじょうこん）（ライフリング・マーク）」を採取し、比較顕微鏡でデータベースと照らし合わせます。指紋のようにまったく同じ傷はふたつとないので、傷がかなりの確率で一致するものがあれば、銃は以前にも使用されたことがあるとわかり、銃の登録番号から少なくとも購入者を突きとめることができるのです。

ライフリングのイメージ

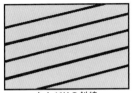

右上がりの斜線

紙を丸めて覗いてみると…

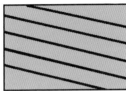

左上がりの斜線

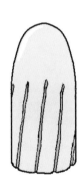

現在のライフリングには右回り
と左回りがある。代表的な例で
は、コルト社のリボルバーは左
回り、S&W社のリボルバーは右
回りのライフリングになってい
る。ただし、効果に差はない。

弾丸に付く旋条痕のイメージ

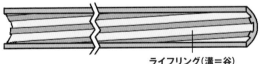

ライフリング(溝=谷)

現代のライフリングの深さは、せいぜい0.1mm
程度で、深すぎると発射薬の燃焼ガスが逃げて
無駄になってしまう。

銃の大量生産を
可能にしたのはだれか?

ニケイナー・ケンダル、リチャード・ローレンス、サミュエル・ロビンズ

　19世紀はじめまで、銃は銃工たちによる手づくりでした。ときには、ひとりの職人が銃身から銃床まで全部手づくりすることもありました。マスケット銃一挺つくるにも、ときには数カ月費やすこともあったのです。そのため銃は高価であり、しかも故障したらその銃に合った部品を一からつくりなおすか、銃自体を廃棄するしかありませんでした。

　それをなんとかしたいと思ったのが、アメリカ人のイーライ・ホイットニーという人物でしたが、彼は綿繰り機の発明者として有名であると同時に、交換部品をつくって銃の大量生産をめざした人でもありました。しかし、完全に成功したわけではなく、彼の考えを受け継いで実際に展開したのが、やはりアメリカ人のニケイナー・ケンダル、リチャード・ローレンス、サミュエル・ロビンズというすっかり忘れられている3人です。

　彼らは、1845年にヴァーモント州ウィンザーに水車を動力に利用した4階建ての銃器工場を建て、部品製造のためフライス盤、タレット旋盤などの機械を多くの滑車やベルトで動かしました。政府からの万単位の銃納品の依頼もこなして会社は軌道に乗り、1851年にはヴィクトリア王朝時代の英国ロンドンでひらかれた万国博覧会に自社の製品、ライフル・マスケットを6挺出品しました。そして、デモンストレーションとしてその銃をばらばらに分解し、交換可能な部品を任意に選んで新たに銃を組み立てなおして見せました。

　英国政府はおおいに感銘を受け、1853年からはじまったクリミア戦争にそなえるべく、大量のライフル・マスケットを会社に注文しました。ところが、大西洋をはさんだ英国とは意思疎通などで齟齬をきたし、結局会社は注文をキャンセルされて倒産してしまいました。しかし、彼らの技術は1861年からはじまったアメリカの南北戦争のときに、ほかの人たちによって受け継がれたのです。ウィンザーの工場は、現在博物館になっています。

銃の量産を実現した工場

写真上：アメリカのヴァーモント州ウィンザーに今も残る、ケンダルらが興した銃の工場は、現在は資料館となっている。写真はその内部。日光を採り込むための大きな窓のそばには工作機械が並ぶ。天井には水力を工作機械に伝える滑車やベルトが見える。
写真右：同工場の外観。

COLUMN

映画と銃① 「ヒロインが愛した名銃たち」

麗しい女性に無骨なサブマシンガン…、
かぼそい腕に大口径のハンドガン…。
そのギャップに漢は魅了される!!

作品名 ヒロインを演じる女優	ヒロインの 愛用銃	銃器 露出度	リアル度	マニア度	作品情報
トゥームレイダー2 アンジェリーナ・ジョリー	H&K USP Match	★★★ ★☆	★★★ ☆☆	★★★ ★☆	製作年：2003 製作国：アメリカ 監督：ヤン・デ・ボン
ソルト アンジェリーナ・ジョリー	ベレッタM92F、 SIG P230など	★★★ ★☆	★★★ ★★	★★★ ★☆	製作年：2010 製作国：アメリカ 監督：フィリップ・ノイス
サイレンサー ヘレン・ミレン	ブラウニング・ アームズ 22口径バック・ マーク・ピストル	★★★ ☆☆	★★★ ★☆	★★★ ★☆	製作年：2005 製作国：アメリカ 監督：リー・ダニエルズ
チャーリーズ・エンジェル フルスロットル デミ・ムーア	デザート・イーグル のゴールドモデル	★★★ ☆☆	★★★ ★☆	★★★ ☆☆	製作年：2003 製作国：アメリカ 監督：マックG
クイック&デッド シャロン・ストーン	コルト・ ピースメーカー	★★★ ★☆	★★★ ★★	★★★ ★☆	製作年：1995 製作国：アメリカ 監督：サム・ライミ
ウルトラヴァイオレット ミラ・ジョヴォヴィッチ	M4A1	★★★ ☆☆	★★★ ★☆	★★★ ★☆	製作年：2006 製作国：アメリカ 監督：カート・ウィマー
ステルス ジェシカ・ビール	H&K MP7	★★☆ ☆☆	★★★ ★☆	★★★ ☆☆	製作年：2005 製作国：アメリカ 監督：ロブ・コーエン
マイアミ・バイス（映画版） エリザベス・ロドリゲス	H&K G36	★★★ ★☆	★★★ ★☆	★★★ ★★	製作年：2006 製作国：アメリカ 監督：マイケル・マン
シュリ 金允珍（キム・ユンジン）	MSG-90 ステアー AUG	★★★ ★☆	★★★ ☆☆	★★★ ☆☆	製作年：1999 製作国：韓国 監督：カン・ジェギュ
レオン ナタリー・ポートマン	ベレッタ M92F （コンペンセイ ター付）	★★★ ★★	★★★ ★★	★★★ ★★	製作年：1994 製作国：フランス、アメリカ 監督：リュック・ベッソン

★銃器露出度……作中での銃の登場頻度
★リアル度　……ガン・アクションが現実的に表現されているか
★マニア度　……監督、演出家、出演者などの銃へのこだわり

第二章

拳銃編

HANDGUN

リボルバーとオートマチック・ピストルはどちらがすぐれているか?

装弾数、信頼性…どの要素を評価するか

　なにを比較すれば優劣がきまるのでしょうか?　命中率?　使いやすさ?　威力?　信頼性?　携帯のしやすさ?　込められるタマの多さ?　値段?　かりに、右ページのような六角形を描いてみると、一見優劣をきめられそうですが、撃つ人の射撃の腕とか経験とか好みなどの要素も入ってくると、客観的な評価はかなり困難になります。

　それでも、いくつか言えることはあります。リボルバーにはオートマチック・ピストルのように手でかけたりはずしたりする安全装置が付いていないので、操作を誤ることがないと同時に故障しにくく、引き金を引くだけで撃てる使いやすさと信頼性があります。また構造が複雑でないので、値段が多少安いのも利点です。さらには、同じ口径ならオートマチック・ピストル用のタマでも撃てる場合がありますが、通常その逆は不可能です。

　でも、弾倉（マガジン）となっているシリンダーが太く、携帯性にはすぐれませんし、なんといってもシリンダーに込められるタマの数が6発平均というのは、15発平均のオートマチック・ピストルとくらべて断然引けを取ります。いったんタマを撃ち尽くして、さらに射撃をつづけたいときは、空薬莢を捨てて新たにタマを込めるのにずいぶん時間がかかります。また、撃鉄（ハンマー）は指で起こすか引き金を引くことで起こすしかありませんが、オートマチック・ピストルは射撃中に自動で撃鉄が起こされますから、手間や速射性の点でリボルバーは不利になります。

　21世紀の軍隊で、サイドアームにリボルバーを採用している主要国はありません。軍隊では拳銃を武器としてあまり評価していませんが、連続して6発しか撃てないよりは約3倍撃てるほうが身を守るときも心強いにきまっています。しかし民間では、信頼性と使いやすさでまだまだリボルバーの需要は廃れていません。

リボルバーとオートマチック・ピストルの機能比較

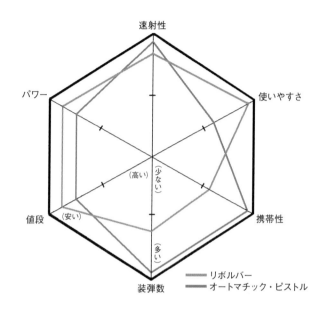

速射性

使いやすさ

携帯性

装弾数

値段

パワー

（少ない）

（高い）

（安い）

（多い）

―― リボルバー
―― オートマチック・ピストル

リボルバー

ニューナンブM60

日本の警察が使用している
リボルバー。装弾数は5発。

オートマチック・ピストル

グロック17

アメリカの警察など法執行
機関の多くが使用している
オートマチック・ピストル。
装弾数は17発。

マグナムとはなにか?

すでに一般名詞化している"44マグナム"

マグナムという言葉は、タマのたんなるニックネーム、あるいは商品名です。「44マグナム・リボルバー」というふうに、そのタマを撃てる銃のモデル名として使われることもあります。映画やコミックなど娯楽メディアの影響もあって、ひじょうに威力があるタマと考えられることも多いのですが、英語の単語そのものは「ダブルサイズの酒瓶」、ラテン語では「大きい」という意味で、1912年に英国のホーランド&ホーランド社が自社開発のライフル用ハイパワー弾に付けた商品名にすぎません。

その後、1935年にアメリカのスミス&ウェッソン社がリボルバー用の357マグナム弾、1955年には44マグナム弾を開発して売り出しました。マグナム弾は専用の無煙火薬を薬莢に入れてあってたしかにパワーがあり、リボルバー用もライフル用もショットガン（散弾銃）用もありますが、オートマチック・ピストル用でメーカー製造の市販品はありません。火薬が燃えて出るガスの圧力や反動を利用してパーツを自動的に動かすオートマチック・ピストルは、パワーがあまりあるとうまく作動しない可能性が高くなるのです。ですが、イスラエルで開発されたデザート・イーグルという大型のオートマチック・ピストルは、おもにリボルバー用のマグナム弾を使って人気を得ました。

1970年代から10年近く、マグナム弾を撃てるオートマチック・ピストルがアメリカで「マグナム・オート」として人気になったことがあります。オートマグ、ウィルディ・サバイバー、グリズリーなどが開発されましたが、どちらも専用のタマの問題や作動のトラブルのせいで長く生産されず、80年代に開発されたデザート・イーグルだけが改良を重ねて現役をつづけています。

マグナム弾を撃つ拳銃

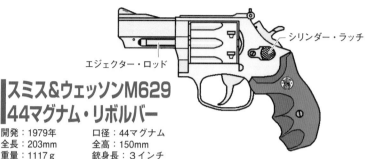

シリンダー・ラッチ

エジェクター・ロッド

スミス＆ウェッソンM629
44マグナム・リボルバー

開発：1979年　　　　口径：44マグナム
全長：203mm　　　　全高：150mm
重量：1117ｇ　　　　銃身長：３インチ
装弾数：6

ベンチレーテッド・リブ

AUTO MAG
.44AMP MODEL 180
NORTH HOLLYWOOD

オートマグ

開発：1970年代初頭
口径：44マグナム（リムレス）
作動：ショート・リコイル、回転式ボルト
全長：295mm
全高：155mm
重量：1672g
装弾数：7+1

コッキング・
ピース

ベンチレーテッド・リブ　　ピストン　　スライド

ウィルディ・
サバイバー

ガス・レギュレーター
（まわして発射ガスの
量を調節）

開発：1970年代末
口径：45ウィンチェスター・マグナム
作動：ガス・オペレーテッド、回転式ボルト
全長：281mm
全高：160mm
重量：1878g
装弾数：7+1

Dirty Harry

　キャラハン刑事が愛用している銃は、本来狩猟目的で開発された44マグナム弾を撃つS&W社製M29。当時は最強のリボルバーで、作品中でもハリーに向かってくる車にぶっ放して派手に横転させるシーンなどがある。マグナム弾を撃つ銃がブームとなる火付け役となった作品だ。

ダーティハリー

製　　作：1971年　アメリカ
監　　督：ドン・シーゲル
キャスト：クリント・イーストウッド、ハリー・ガルディノ、他
配　　給：ワーナー・ブラザーズ

写真：Everett Collection/アフロ

STORY
ダーティハリー

"ダーティハリー"の異名を持つ、サンフランシスコ警察殺人課のハリー・キャラハン（クリント・イーストウッド）。執拗に市警に挑んでくる凶悪犯の逮捕に成功したハリーだったが、犯人は狡猾な作戦を用いて裁判で釈放を勝ち取り、無罪放免となってしまう。そして犯人はその後、ハリーと市警をあざ笑うかのように再び凶行に出るが…。

昔のリボルバーと現代のリボルバーはどこが違う?

ダブル・アクション機構と、タマの装填・排莢方法

西部開拓時代に、カウボーイやガンマンが腰のガンベルトのホルスターにおさめたリボルバーと、1950年代以降に人気の出たTVドラマや映画で、私立探偵や警官が腰や脇の下に付けているホルスターにおさめたリボルバーでは、決定的な違いがひとつあります。

西部開拓時代のリボルバーは、撃鉄を指で起こしてからでないと引き金が引けないシングル・アクション(SA)で、現代のリボルバーは撃鉄を起こさなくてもいきなり引き金を引いて撃てるダブル・アクション(DA)、しかもSA兼用である、ということです。アメリカでリボルバーにDAを採用したのは、1870年代から80年代にかけてのことでした。ヨーロッパ、とくに英国ではそれより20年ほどまえからDAリボルバーが造られて使用されていました。

SAとDAについてはあとでさらに解説しています(60ページ参照)が、アメリカでは引き金を引くのにとても力がいるDAがなかなか受け入れられませんでした。でも、もうひとつの大きな違い、つまりタマを入れる穴をあけたシリンダーを左横に振り出すスイングアウト式が開発され、1発ずつしかタマを込められなかったり、フレームに強度の問題があったりしたSAリボルバーの欠点が解決すると、信頼を得ていくことになりました。

SAからスイングアウト式DAへの移行時期は、もうもうと煙が出る黒色火薬から無煙火薬への移行時期とも重なっていました。無煙火薬は少量でも黒色火薬をしのぐ高いパワーを発揮できましたが、新たに容量の小さな薬莢を製造したり、その大きさに合わせた穴のシリンダー、ひいては銃自体を造りなおすのは面倒で不経済でもあったので、リボルバーのタマは昔のままの大きさ(長さ)で残りました。いっぽう、同じ口径でもオートマチック・ピストルのタマが短めなのは、はじめから無煙火薬が使われたからです。

金属薬莢登場後のリボルバー

シングル・アクション・リボルバー

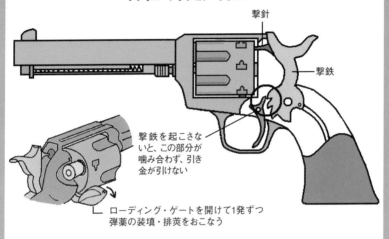

撃針

撃鉄

撃鉄を起こさないと、この部分が噛み合わず、引き金が引けない

ローディング・ゲートを開けて1発ずつ弾薬の装填・排莢をおこなう

ダブル・アクション・リボルバー

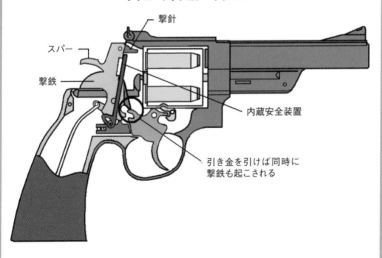

撃針

スパー

撃鉄

内蔵安全装置

引き金を引けば同時に撃鉄も起こされる

西部劇などで見る昔の**リボルバー**の**パフォーマンス**にはどんなものがある?

カッコイイだけじゃない、西部劇のガンアクション

　昔のリボルバーのパフォーマンスでいちばん有名なのは、用心金^{トリガー・ガード}のなかに人さし指を入れて銃をくるくるまわすガンプレイかもしれません。危なくないか?　西部開拓時代に使われていたリボルバーはシングル・アクション(SA)で、撃鉄^{ハンマー}を起こしてからでないと引き金が引けませんから、撃鉄が起こされていないかぎり発砲はありません。しかし、まわすのが下手で、銃を取り落としたりすれば、撃鉄が起きて衝撃で暴発するかもしれません。

　銃をくるくるまわすガンプレイに特別な意味はありませんが、腰のホルスターに格好よくすっぽりおさめるやり方として、銃身を前方へ何度か回転させてホルスターの口へもってくる「フォワード・スピン」、銃身を後方へ何度か回転させてホルスターの口へもってくる「リヴァース・スピン」というテクニックもあります。

　SAリボルバーだからこそできるもうひとつのガンプレイは、「ファニング(あおり撃ち)」でしょう。銃を腰だめでかまえ、引き金を引きっぱなしにし、反対側の手のひらを撃鉄にたたきつけつづける派手な速射です。狙いは当然ぶれるでしょうが、多勢に無勢だったり相手との距離がかなり短かったりすれば、有効です。

　さらには、「ボーダー・ロール」と呼ばれるガンプレイがあります。人さし指を用心金のなかに入れ、銃をぶらさげながら銃口を自分にむけてグリップを相手にさし出すふりをし、相手が銃を受け取ろうとした瞬間に銃を回転させ、グリップを握って撃鉄を起こす早業です。場合によっては、引き金を引いて発砲すれば形勢逆転です。カーリー・ビル・ブローシャスというならず者がはじめたといわれているので、「カーリー・ビル・スピン」とか「ロード・エージェント・スピン」とも呼ばれます。"ロード・エージェント"とは、昔駅馬車を襲った追いはぎのことです。

西部劇のガンアクション

ファニング	ボーダー・ロール

利き腕でホルスターから銃を抜く

銃口を相手に向けずに銃を差し出す

引き金を引きながら同時にもう一方の手を
撃鉄に移動し始める

グリップを差し出すようにする

引き金を引きっぱなしにして撃鉄を手のひらで
起こし始める

用心金に人差し指を入れて自分の方へ
回転させる

上の状態からさらに撃鉄を起こしきったら
左手をはなし、ファイアー!!

銃口が相手に向いたら親指で撃鉄を起こし、
ファイアー!!

トゥームストーン

製　　作：1993年　アメリカ
監　　督：ジョージ・P・コスマトス
キャスト：カート・ラッセル、ヴァル・キルマー、他
配　　給：東宝東和

　酒場のシーンで、ギャング団の凄腕早撃ちガンマンのリンゴが、ドク・ホリデイを意識して見事なガンプレイを披露するが、それを見たドクは、テーブルにあったマグカップをガンプレイさながらクルクル回しホルスターに収める。お茶目なカッププレイ？

写真：Album／アフロ

STORY
トゥームストーン

ゴールドラッシュで栄えた町トゥームストーン。元保安官のワイアット・アープ（カート・ラッセル）は、平穏な暮らしを望み、兄弟夫婦と共にこの町にやって来た。だが、町は凶悪なならず者たちに支配された状態。正義に燃えて立ち向かった兄弟は凶弾に倒れ、アープは再び保安官として盟友ドク・ホリデイと共に立ち上がる！

シングル・アクション、ダブル・アクションとはなにか?

引き金を引いてひとつの動きをするのがSA、ふたつの動きをするのがDA

カタカナで表記すると長くなるので、ここではそれぞれSA、DAと表記することにしますが、この言葉は拳銃、つまりリボルバーとオートマチック・ピストルの"撃発機構"を表す用語です。ほかの銃で使う"〜アクション"という言葉とは、まったく共通点がありません。

SAは引き金を引くまえに撃鉄（ハンマー）を起こさなければならない昔のリボルバーにだけあてはまる言葉だ、という思い込みはまちがいです。SAという撃発機構は、タマの底に埋め込んである点火装置（雷管）（プライマー）を打つ部品と引き金が連動していない仕組みです。手動またはなんらかの方法で雷管を打つ部品をセットしてから、引き金を引いてはじめて発砲できます。いっぽうDAは、雷管を打つ部品と引き金が連動している仕組みです。ほかの操作はせずに、引き金を引けば雷管を打つ部品も同時に動いて、発砲できます。

雷管を打つ部品が撃鉄だとすると理解しやすいかもしれません。SAの場合、指で撃鉄を起こしておき、引き金を引くと、起きていた撃鉄のつっかいがはずれ、「撃鉄が倒れる」というひとつの（シングル）動きをして発砲にいたります。DAの場合は、引き金を引くと、「撃鉄が起きていき、つぎに倒れる」というふたつの（ダブル）動きをして発砲にいたります。撃鉄を起こすのに力がいるので、引き金はSAよりずっと重くなります。

その仕組みはフレームに隠れて外からは見えず、外観に変わりがないので違いがわかりにくいかもしれません。でも、リボルバーであれば外観からでも見分けはすぐにつきます。引き金が用心金（トリガーガード）の中央近くにあって引き代（しろ）が長ければDA、引き代がほとんどないほど短ければSAです。リボルバーの場合、昔はSAしかなかったとよく誤解されますが、ヨーロッパでは19世紀半ばからDAリボルバーが主流となっていました。

リボルバーのSAとDAの発砲手順

SAリボルバー（シリンダーに弾薬が装填されている状態から）

① 撃鉄を起こす　→　② シリンダーが1発分だけ回転し、引き金がセットされる　→　③ 引き金を引く

次弾を撃つには

DAリボルバー（シリンダーに弾薬が装填されている状態から）

① 引き金を引く　→　② 連動してシリンダーが1発分だけ回転し、撃鉄も起きてから倒れる

次弾を撃つには

シングル・アクション・リボルバー

コルトM1851
ネイビー

引き金の引き代が短い

ダブル・アクション・リボルバー

S&W M49
ボディーガード

引き金の引き代が長い

オートマチック・ピストルにもシングル・アクション、ダブル・アクションがある?

どちらのオートマチック・ピストルでも、2発目以降はSAでの発砲が基本

　オートマチック・ピストルの場合、発砲の準備を整えるには、タマをこめた弾倉（マガジン）をグリップのなかに入れ、カバーのように銃身にかぶさっているスライドという部品を手で後方へ引いて放します。すると、引いたスライドの後端がぶつかって撃鉄（ハンマー）が起き、ばねの反発力で戻るスライドの裏にあるブロック（金属塊）がタマを薬室（チェンバー）に押し込みます。

　撃鉄はもう起きていますから、引き金を引けばつっかいがはずれて発砲できます。撃鉄は倒れるというひとつの動きしかしませんから、SAでの発砲ということになります。発砲後には火薬の吹き戻し圧力（ブローバック）や反動（リコイル）でスライドが自動的に後退し、また後端が撃鉄を起こします。ですから、次弾以降もSAでの発砲ということになります。

　ですが、たとえばなにかの理由で発砲を中止した場合、撃鉄を起きたままにしておくと危険ですから、元の位置に戻しておいたとします。その状態から、つぎに発砲の必要が出てきたとき、撃鉄を起こしなおして引き金を引かなければならないのがSAです。いっぽう、いきなり引き金を引けば連動した撃鉄が起きて倒れ、発砲できるのがDAです。

　DAリボルバーとDAオートマチック・ピストルのちがいは、指で撃鉄を起こさないかぎりつねにDAでの発砲となるのがリボルバーで、初弾だけがDAで次弾以降はスライドが自動的に撃鉄を起こすのでSAでの発砲となるのがオート、ということになります。引き金の位置、引き金を引く重さのちがいなどはDAリボルバーもDAオートもあまり変わりません。

　コルト・ガバメントをはじめとして、SAオートは20世紀初期に造られたものが多く、DAオートは1929年にドイツのワルサー社が開発したワルサーPPを先駆けにして、ベレッタやSIGなどが跡を継いでいます。どちらにも一長一短があり、グロックというピストルのようにSAでもDAでもないセイフ・アクションという機構も開発されました。

オートマチック・ピストルのSAとDAの発砲手順

最初の1発目を薬室に送り込むためスライドを引く。この際撃鉄も起きる。

スライドから手を離すとスプリングの力によりスライドが閉鎖し、初弾が薬室に送り込まれる。

DAで撃つ

すぐに撃たない場合は撃鉄が起きたままだと危険なので、指で押さえながら引き金を引いてゆっくりと戻す。撃鉄だけを安全に戻すレバーが付いている銃もある。

SAで撃つ

そのまま引き金を引く。

FIRE!!

撃鉄が起きていない状態から引き金を引く。撃鉄が起きあがってから倒れ、発砲にいたる。

FIRE!!

撃鉄が倒れ、発砲にいたる。

オートマチック・リボルバーというものがある?

自動で次弾を装填する風変わりなふたつのリボルバー

銃の歴史は500年余におよびますが、銃口から火薬と弾丸を入れていた先込め式(マズルローダー)の単発銃では当然ありえないとして、元込め式(ブリーチローダー)の連発銃ができてからも世に知れたオートマチック・リボルバーはわずか2モデルしか存在しません。ひとつは19世紀末に英国で製作され、もうひとつは20世紀末にイタリアで製作されました。英国のものは「ウェブリー・フォズベリー」といい、馬に乗る騎兵用拳銃で、イタリアのものは「マテバ」といって、射的競技用の拳銃です。

でも、いったいなにが自動(オートマチック)で動くのでしょう? 動くものといったら、まわるシリンダーしか考えられない? 仕掛けは、こうです。外見はリボルバーの形をしていますが、銃身とフレームとシリンダーからなる上半身と、引き金と用心金(トリガーガード)とグリップからなる下半身に分かれています。英国製のほうは中折れ式で、イラストのヒンジを基点にして銃身とフレームを折ります。そしてシリンダーの穴にタマを複数(6〜8発)込め、銃を元の状態に戻して引き金を引くと弾丸が発射され、銃の上半身が反動(リコイル)で後方へスライドします。このとき表面に彫られた溝によってシリンダーが回転し、撃鉄(ハンマー)も自動的に起こされます。上半身はすぐに元の位置に戻り、次弾の発射の用意が整うのです。

イタリア製のマテバもほぼ同じですが、こちらはスイングアウト式でシリンダーを左横に振り出し、タマを6発込めます。シリンダーを嵌め直して発砲の用意が整ってからはウェブリー・フォズベリーと同じです。どちらの銃も、空薬莢は自動的に排出されません。

英国製の騎兵用軍用銃は、DAリボルバーの引き金の重さをできるだけ解消しようとして造られました。イタリア製のモデルは、発砲までの時間の短縮と手元のブレの解消(撃鉄を指で起こさなくてよい)が主たる目的で造られました。

オートマチック・リボルバー

▎ウェブリー・フォズベリー

シリンダーの溝

上半身

中折れ式のためのヒンジ

口径：455
装弾数：6発

口径：38
装弾数：8発

下半身

撃鉄が起こされる

上半身がスライドする ➡

騎兵が撃鉄を手動で起こしたり、重い
DAの引き金を引いたりするのを回避す
るために設計された。

安全装置

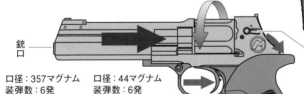

銃口

シリンダー・
オープン・
レバー

口径：357マグナム
装弾数：6発

口径：44マグナム
装弾数：6発

▎マテバ・オートマチック・リボルバー

発射した弾の反動で、銃の上部（銃
身とシリンダー）がわずかに後退する
ことで撃鉄が自動で起こされ、連動
してシリンダーも回転する。

Zardoz

第二次大戦時でたとえるなら、ナチス親衛隊のような集団"エクスターミネイターズ"。その隊長ゼッド（ショーン・コネリー）が常用している拳銃がウェブリー・フォズベリーである。他の映画にはめったに登場しない珍銃だ。

未来惑星ザルドス

製　　作：1974年　イギリス
監　　督：ジョン・ブアマン
キャスト：ショーン・コネリー、シャーロット・ランプリング、他
配　　給：20世紀フォックス

写真：Everett Collection/アフロ

STORY
未来惑星ザルドス

2293年の未来。人類は進化し、不老不死人"エターナルズ"が科学技術の結晶である理想郷"ボルテックス"を創った。ボルテックス外の荒廃地で生きる人間"獣人"はエターナルズの奴隷。獣人が神と崇める空飛ぶ巨大岩"ザルドス"とは、実はエターナルズが作った飛行体で、外界とボルテックスの唯一のアクセス経路だった。

サタデー・ナイト・スペシャルとはどんな銃？

現在では犯罪で使われる口径の小さい安価な銃をさす

　信用のあるメーカー品でない、口径が小さくて安い拳銃の俗称です。リボルバーもオートマチック・ピストルも含まれます。造りや性能がかならずしも粗悪とはかぎりません。1960年代にアメリカでできた造語で、はじめは週末の土曜の夜に繁華街などへ出かける若者たちが護身用に隠しもっていった小さく安価な銃をさす言葉でした。でも、やがてチンピラが犯罪を犯すための凶器にもなって、イメージはすっかり悪くなりました。

　22口径〜32口径（直径5.6mm〜8mm）くらいの小さな口径で、隠しもてるよう全長が6インチ（約15cm）内外、値段は100ドル以下の安さ、というのが目安です。有名メーカー品は、小型拳銃でも数百ドルくらいしますから。

　安価な小型のサタデー・ナイト・スペシャルを製造しているのは、レイヴン、ブライコ、ローシン、フェニックス、デイビス、ジェニングスなどのメーカーがオートマチック・ピストル。ニューイングランド・ファイアーアームズ、ハリントン＆リチャードソン、ヘリテッジ・セントリー、ローム、アイヴァー・ジョンソン、アルミニウスなどのメーカーがリボルバー。

　このうち、レイヴン社製のオートマチック・ピストルMP-25は、全長120mm、重量400gで、造りもしっかりしているため総生産数200万挺を超すベストセラーとなりました。また、ローム社製のRG14というリボルバーは、1981年3月に故レーガン大統領の暗殺未遂に使われ、銃器規制が強化されるきっかけとなりました。

　サタデー・ナイト・スペシャルは、粗悪ではないが二流品といってもよいものなので、表面仕上げが粗い、旋条が浅くて命中率が悪い、前後の照準器があまり役に立たない、引き金が重い、安全装置がお粗末（オートマチック・ピストル）などの欠点があります。

サタデーナイトスペシャル

役に立つか立たないか
わからないサイト

材質が悪い
フレーム

銃本体のわりに
小さいシリンダー（小口径）

あまり知られていない
メーカーロゴ

22～32口径

ロックされない
シリンダー

※値段は100ドル以下

形がいびつな
トリガーガード

全長6インチ内外

1981年に発生したレーガン大統領暗殺未遂事件では、いわゆるサタデー・ナイト・スペシャルであるローム社製RG14が使用された。写真は事件発生時に撮られた一枚。

リボルバーの**安全装置**は
どこを操作する?

現在のリボルバーは内蔵安全装置が主流

　結論から言うと、リボルバーには手動で操作する安全装置はありません。

　現代のリボルバーは引き金を引くのにわりと力がいるダブル・アクション（DA）なので、うっかり引き金に触れて暴発する、という危険が少なくなっています。昔のリボルバーで、撃鉄を起こしてから引き金を引くシングル・アクション（SA）・タイプのものは、撃鉄が当たるシリンダーのてっぺんの穴にタマを込めず、空っぽにして安全対策にしていました。銃を撃つときは、撃鉄を指で起こすと同時にシリンダーもまわり、タマが入っているつぎの穴がてっぺんにくるので、差し障りはありません。しかし、6連発の銃でも5発しか撃てないことになりました。

　現代のリボルバーの安全対策は、内部構造に工夫を凝らしてあります。三つのタイプがあって、そのうちのひとつを採用するか、ふたつを組み合わせているかのどちらかです。ひとつだけでよいのは"トランスファー・バー"というもので、引き金が引かれたときだけ撃鉄の打撃を撃針に伝える平たいパーツ（バー）が迫りあがってきます。ふだんは撃鉄と撃針のあいだに間隔があって、ぜったいに両者が触れることがありません。アメリカのスターム・ルガー社のリボルバー、コルト社の一部リボルバーに採用されています。

　組み合わせるふたつのものとは、①"ハンマー・ブロック"と②"リバウンド・スライド"というパーツです。①はふだん撃鉄をブロックしていて、引き金を引いたときだけ下がってブロックを解きます。弾丸が発射されると、①がふたたび上昇して撃鉄をブロックする位置にきます。そのためには撃鉄が少し跳ね返る必要がありますが、少し前方にスライドしてその跳ね返りを助けるのが②というパーツです。こちらを現在採用しているのは、スミス&ウェッソン社のリボルバーなどです。

リボルバーの内蔵安全装置

ハンマー・ブロック ＋ リバウンド・スライド

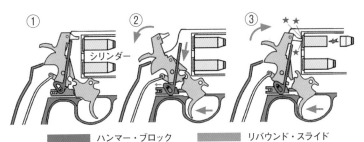

　　ハンマー・ブロック　　　　リバウンド・スライド

撃鉄とリバウンド・スライドの動き

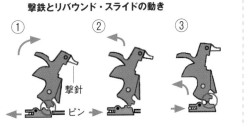

①撃鉄が倒れ、リバウンド・スライドは矢印方向へ後退。
②引き金を戻すとリバウンド・スライドも矢印方向へ戻る。
③リバウンド・スライド上部の突起（凸）に撃鉄下部の出っ
張りが乗り、撃鉄が浮いてさらにわずかに後退し、撃針
が弾薬底に接触しなくなる。

トランスファー・バー

　　撃針
　　トランスファー・バー

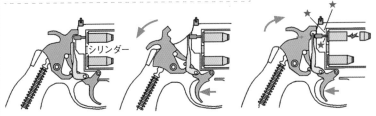

引き金を引くとトランスファー・バーがせりあがり、
撃鉄と撃針の間に入り込み、撃鉄の衝撃を撃針に伝達する。

オートマチック・ピストルの安全装置はどこを操作する?

内部と外部にふたつ以上の安全装置が組み込まれている

　オートマチック・ピストルはいったん発砲したらかならず撃鉄（ハンマー）が起きた状態になるものがほとんどなので、リボルバーより危険です。そのため安全装置は不可欠で、たいていは銃内部と外部にふたつ以上組み込まれています。内部の安全装置は操作するものでなく、引き金を引かないかぎり撃針が前進しないAFPBというものです。オートマチック・ファイアリング・ピン・ブロック（自動撃針阻止装置）の頭文字を取ったものです。

　手で操作するものは、マニュアル・セイフティ（レバー）といい、銃身を覆っているスライドというカバーか、フレームに付いています。たいていは銃の左サイドに付いていて、右手の親指でかけたりはずしたりします。左右両側に付いている場合もあります。

　レバーを押し下げると引き金がスカスカになってしまうものが多く、もし撃鉄が起きていればそれを強制的に元の位置に戻す機能を兼ね備えているものもあります。その場合は、「デコッキング・レバー兼用」となります。下げたレバーを押し上げれば、引き金が反応して射撃ができるようになります。ですが、レバーでなくボタンであることもあり、モデルによって操作のしかたもちがうのでよく混乱を招きます。

　上記の拳銃はダブル・アクションのオートマチック・ピストル（DAオート）ですが、20世紀初頭に設計されたガバメントやルガー P08のようなシングル・アクションのオートマチック・ピストル（SAオート）になると、安全装置はずいぶんちがってきます。ガバメントには、グリップ・セイフティとサム・セイフティのふたつが付いています。前者はグリップをしっかり握らないと引き金が引けない装置で、後者は撃鉄が起きた状態から親指でレバーを押し上げると撃鉄が動かなくなります。撃鉄を起こしたまま安全装置をかけたこの状態を、銃器用語では「コック・アンド・ロック」といいます。

オートマチック・ピストルの安全装置

ワルサー P38（DAオート）

ワルサー P38の位置関係

撃鉄

■ 撃針
▨ AFPB
（自動撃針阻止装置）
■ マニュアル・セイフティ
（レバー）
■ ファイアリング・ピン・
ブロック・リフター

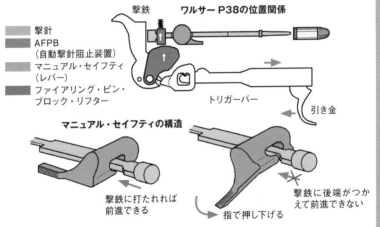

トリガーバー

引き金

マニュアル・セイフティの構造

撃鉄に打たれれば
前進できる

指で押し下げる

撃鉄に後端がつかえて前進できない

オートマチック・ファイアリング・ピン・ブロック（AFPB）とマニュアル・セイフティ

バネで上から押さえ
つけられている

撃針が
前進できない

撃針が
前進できる

引き金をひくとAFPBをもちあげる

枕やペットボトルを銃口に当てて 銃声は消せるか?

映画やドラマだけの根も葉もない演出とは言い切れない

　もちろん、銃声が消えることなどありえません。そのかわり、音が小さくなることはあります。だから、狙撃や暗殺などに使われる銃専用のサイレンサー(消音器)は、むしろサプレッサー(減音器)というべきだと専門家は指摘しますが、サイレンサーという言葉は英語でももう定着してごくふつうに使われます。

　銃声の正体というのは、火薬が燃えて発生するガス圧力が、密封状態の銃身から弾丸を大気中へ押し出した瞬間の爆発音です。また、弾丸の速度が音速(気温15度なら約341m／秒)を超えたなら、たとえ瞬間的でも飛行する弾丸が大気と激しくぶつかり合う衝撃音が爆発音に重なって銃声になります。だとすれば、枕に銃口を押しあてて引き金を引けば、弾丸が銃口から飛び出すときの爆発音は多少抑えられるでしょう。枕の中身が羽毛か綿かによって効果が異なるかもしれませんが、根も葉もない都市伝説とはいいきれません。

　ペットボトルの口に銃口を入れて発砲しても、車やバイクのマフラーと似た効果が得られます。音の出どころで大気の震動を少しでも封じ込めてやれば、音がくぐもって減音になります。音がくぐもると、高温域がカットされて指向性が鈍くなり、音がどこから聞こえてきたのかもわかりにくくなるので、狙撃ではそれを期待してサイレンサーを使うのです。

　ただ、枕やペットボトルのような即席サイレンサーは、遠くにいる人間を殺害するときに使われるとは思えませんから、弾丸が超音速で飛ぶときの衝撃音を気にかける必要はないでしょう。22口径や45口径の拳銃弾の速度はもともと音速以下なので、銃口での爆発音だけを減じる対策を取ればよいことになりますが、とくに22口径の場合は銃も小型で爆発音自体小さいので昔から暗殺に使われてきました。

暗殺に向いている銃

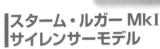

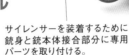

スターム・ルガー MkI サイレンサーモデル

サイレンサーを装着するために銃身と銃本体接合部分に専用パーツを取り付ける。

スターム・ルガー MkI ノーマルモデル

世界で最も多く使われているタマである「22LR」を撃つオートマチック・ピストル。22LRの銃口初速は音速をわずかに超える程度のためサイレンサーの効果は大きい。

音の発生源

薬莢の排出音　　スライドの後退音　　　　　　　　　　弾丸の風切り音（衝撃音）

銃口からの火薬燃焼音（爆発音）

拳銃で**スライドを引く動作**は なにをしている?

スライドの操作はタマの装填だけではない

　オートマチック・ピストルの銃身を覆っているカバーでもある逆U字型のスライドを手で引く（引いて放す）目的は、四つあります。①グリップから挿入した弾倉（マガジン）のてっぺんにあるタマを薬室（チェンバー）に押し込む。②タマの底に埋め込まれた点火装置（雷管）（プライマー）を打つ部品（撃鉄、撃針など）をセットする。③薬室に入っている未発火のタマを排出する（右図参照）。④薬室にタマが入っているかどうか目で確認する（少しだけ引く）。

　スライドは銃身カバーであるだけでなく、銃身後尾にある薬室に栓（蓋）をするためのブロック（金属塊）が裏に仕込まれている重要部品です。ブロックの中心には穴が貫通していて、その穴を前進した撃針がタマの底の雷管を打ち、火薬に点火して発砲するのです。つまり、スライドを引いて放せばタマが薬室に入り、さらに雷管が撃発するための準備が整います（撃鉄がある銃なら、スライドの後端が当たってそれを起こす）。

　スライドの中央付近には、空薬莢を外へ出すための楕円形や長方形の穴がカットされていて、その穴にはタマの下部にある溝を引っかける鉤爪のような小さな部品、排莢器（エキストラクター）が付いています。発砲によってスライドが勢いよく後退すると、排莢器も空薬莢を引っかけたまま後退して、それを穴から外へ蹴り出す手伝いをするのですが、発砲でなく手でスライドを引いても排莢器が働きます。その鉤爪はつねにタマの下部の溝を引っかけているので、薬室にタマがあればスライドの後退とともにそれが排出されるのです。発砲を途中でやめたとき、自動的に薬室に入った未発火のタマを抜き取って銃の安全を確保するためにするのが、③の行為です。

　薬室にタマが入っているかどうか確認したいとき、スライドをほんの少し手で引いて、タマの底が銃身後尾に見えるかどうか楕円形や長方形の穴をのぞいて確認します。これが④の行為で、銃器用語では「プレス・チェック」といいます。

薬室に入っている未発火の弾薬を排出する

未発火の弾薬

スライドを引く

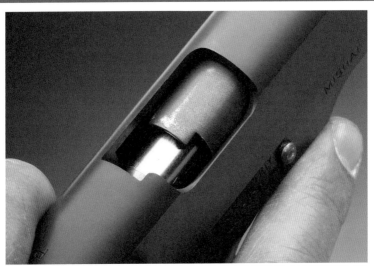

■ 排莢器
エキストラクター
■ 薬室
チェンバー
● 撃針

プレス・チェック

薬室に弾薬が入っているかを確認するプレス・チェック。弾薬が排出されない程度にスライドを後退させる。

　さまざまな銃器をたくみに扱うジャック・バウアー。彼は銃撃戦前にさり気なく"プレス・チェック"をして、初弾が薬室内に装填されているか確認する。この仕草が堂に入っている。

24（トゥエンティフォー）

製　　　作：アメリカ
キャスト：キーファー・サザーランド、メアリー・リン・
　　　　　ライスカブ、他
制作局：FOX
発売元：20世紀フォックス ホーム エンターテイメント

写真：Photofest／アフロ

STORY
24 –TWENTY FOUR–

2001年から2010年にかけてシーズン8まで放映され、世界中で多くのファンに支持されている超人気作品。CIA所属CTU（外国人テロ対策ユニット）ロス支局の捜査官（シーズン6まで）であるジャック・バウアー（キーファー・サザーランド）が凶悪なテロに立ち向かう活躍を、1日24時間を1話1時間形式で描くリアルタイム・ドラマ。

ショート・リコイルとはなにか?

オートマチック・ピストルにおける火薬爆発力のコントロール・システム

自動（オートマチック）で作動する連発銃、とくにピストルの作動のしかたを表す銃器用語です。天才銃器設計家だったジョン・モーゼズ・ブラウニング（ブローニング）が、約100年まえに開発しました。

火薬の燃焼圧力が高いパワフルなタマは、弾丸を発射すると同時に後方へ向かう吹き戻し圧力（ブローバック）も強すぎて、なんの対策もしないわけにいきません。的への命中など望めなくなるし、射手にも危険だからです。そこで、銃身にかぶさっているスライドを発砲時に銃身と噛み合わせて薬室を閉じたままにし、強い吹き戻し圧力を封じ込めておき、弾丸が銃口から出ていって圧力全体がさがったら、スライドを後退させて薬室の栓（蓋）を開き、空薬莢を外に出します。スライドの後退に利用する力は、弾丸の突進で生じる反作用（反動（リコイル））の力です。

これが、ある程度強力なタマを撃ち出せるオートマチック・ピストルを安全に作動させるショート・リコイルという方式です。なぜショート（短い）という言葉が使われているかというと、吹き戻し圧力が発生したとき、その強い力を少しだけ逃がしてやるため、銃身とスライドがいっしょに"短く"後退するように設計してあるからです。

開発者のブラウニングは、短く後退した銃身とスライドとの噛み合いを解くのに、銃身後尾がストンと落ちるようにしました。これをティルト・バレル（傾く銃身）といいますが、お互いの噛み合いを解く方法はほかにも考案されています。

いずれにせよ、ショート・リコイル方式が採用されるのは、おもに9mmパラベラム（＝ルガー）弾以上、45ACP弾くらいまでのエネルギーの高いタマを発射するオートマチック・ピストルです。エネルギーがそれ以下なら吹き戻し圧力だけを利用する方式、それ以上だとライフルと同じく発射ガスそのものを利用することが多くなります。

ショート・リコイルの仕組み

ショート・リコイルの概念

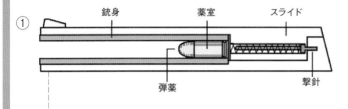

① 銃身　薬室　スライド
弾薬　撃針

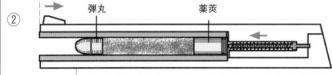

② 弾丸　薬莢

弾丸が発射されると、スライドと銃身が一体となって短く後退するが、薬室は閉じたまま

③ 薬室開放

弾丸が銃口から出て行ったあと、スライドだけが反動でさらに後退し、薬室を解放する

ティルト・バレル式

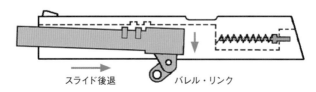

スライド後退　バレル・リンク

ルガーはドイツのメーカー ではない?

ルガー P08は人名、全く関係の無いメーカーはアメリカにある

　今も昔も、ドイツにルガーというメーカーは存在しません。ドイツのルガーは人名で、P08というオートマチック・ピストルを1908年に完成させたゲオルク・ルガーのことです。このピストルは、ドイツからアメリカへ移民してまたドイツに戻ったヒューゴ・ボーチャードという人物が造った銃を改良したもので、ルガーの就職先ルートヴィッヒ・ロウベ社、のちにこの会社を吸収したDWM社（ドイツ武器弾薬製造会社）で「ピストーレ・パラベラム」として製造されました。そして、1904年にドイツ軍に採用され、さらに改良がくわえられて、最終的に「ルガー P08（ゲオルク・ルガーが1908年に完成させたピストル）」という "モデル名" になったのです。

　ルガーというメーカーは、アメリカにあります。ドイツのルガーの綴りが「Luger」であるのに対し、アメリカのルガーは「Ruger」と綴ります。こちらももともと人名です。第二次大戦後まもない1949年に、技術屋のビル・ルガーと芸術家および投資家のアレックス・スタームがコネチカット州に共同で会社を興しました。

　1951年にスタームが急死した以後も、スターム・ルガーの社名は維持され、リボルバーのブラックホークやレッドホークなどヒット商品を生み出しました。いつからスタームの名が取れたのか正確にはわかりませんが、やがて会社はルガー・ファイアーアームズとなりました。2002年には、創始者のビル・ルガーも86歳で他界しました。

　会社の最初のヒット商品は「22ルガー・ピストル」で、外観から想像がつくように、日本の南部小型拳銃をコピーしたものだと一部の銃器ファンは主張しています。でも、ルガー本人は南部に言及せず、コルト社のウッズマンというモデル、そしておもしろいことにドイツのルガー P08を意識した、と生前のインタヴューで答えています。

22ルガー・ピストル

22ルガー・ピストル

スターム・ルガー社初のヒット作となった
22ルガー・ピストル

開発年：1949年
全長：227mm
重量：992g
口径：22LR
装弾数：10発

コルト・ウッズマン

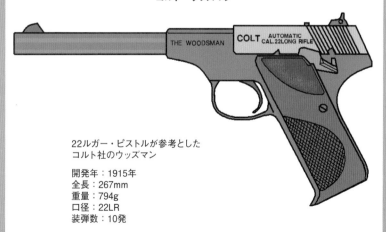

22ルガー・ピストルが参考とした
コルト社のウッズマン

開発年：1915年
全長：267mm
重量：794g
口径：22LR
装弾数：10発

ドイツの**ルガー P08**のような銃は なぜ姿を消した?

構造が複雑で軍用に向いていなかったから

　前項のとおり、ルガー P08は、ヒューゴ・ボーチャードが19世紀末に開発したオートマチック・ピストルを、同僚だったゲオルク・ルガーが改良し、1908年に完成させてドイツ軍に採用されたものです。ボーチャードのピストルは大きすぎたしバランスが悪かったので、その作動機構はのこしたまますっきりと小型にまとめたものでした。

　最初は口径が7.65mmで、スイス陸軍が他国に先駆けて採用しました。その後も細かい改良がつづけられ、口径が9mmにされるとアメリカ軍も興味を示し、ゲオルク・ルガー自身が海を渡って実弾射撃を披露しましたが、アメリカは結局45口径のコルトM1911(ガバメント)を採用し、売り込みは成功しませんでした。

　ルガー P08は第一次大戦で軍用としての役目をほぼ終わりましたが、人気があったので第二次大戦直後まで各国の銃器会社や銃器職人がいろいろな口径や銃身長のモデルを造ったほどです。日本も、第二次大戦中に鹵獲したルガーに菊の紋章を刻印して使っていたことがあります。なのに、ルガーはその後コレクターズ・アイテムとしての評価しか得られず、このピストルを手本にしたモデルはひとつも開発されませんでした。

　構造が複雑で、ボーチャードのピストルよりはるかに多いパーツが組み込まれ、工作精度を重視して迅速な大量生産がきかないため、軍用に向いていなかったからです。スッと腕を伸ばして自然にかまえれば目をつむっていても的に命中する、とも言われましたが、薬室にスムーズにタマが入っていかない不具合も多かったといいます。

　最大の特徴である尺取り虫のような動きをする作動機構"トグル・アクション"は、P08以前にレバー・アクション・ライフルやマキシム・マシンガン(機関銃)で使われていましたが、ピストルのような小型銃器には向かない機構だったのかもしれません。

トグル・アクションを採用した拳銃

ボーチャード・ピストル

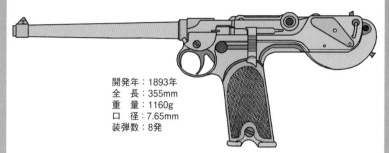

開発年：1893年
全　長：355mm
重　量：1160g
口　径：7.65mm
装弾数：8発

ルガー P08

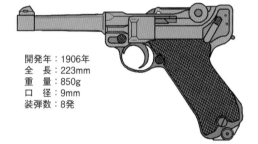

開発年：1906年
全　長：223mm
重　量：850g
口　径：9mm
装弾数：8発

ルガー P08のトグル・アクション

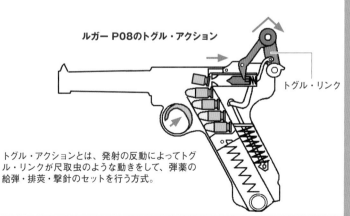

トグル・リンク

トグル・アクションとは、発射の反動によってトグル・リンクが尺取虫のような動きをして、弾薬の給弾・排莢・撃針のセットを行う方式。

最近流行の**プラスティック製拳銃**はヤワではない？

「ポリマー2」でつくられ一躍脚光を浴びたグロック

銃は鉄でできているというイメージがありますが、拳銃のグリップは木やゴムが素材であることもあります。ライフルでも、銃身を載せたり肩に当てる部分の銃床は20世紀後半まで多くが木製でした。つまり、頑丈な鋼鉄製（スチール）でなければいけないのは、火薬が燃える高熱と高圧に耐えなければならない機関部（レシーバー）や銃身なのだということになります。

リボルバーの場合は、フレームに嵌め込まれたシリンダーの穴にタマを込め、そこで火薬が燃焼します。だからシリンダーは鋼鉄製でなければならないし、それを囲むフレームもすき間から漏れてくる熱いガスなどにさらされるため鋼鉄製が望ましいとされます。

でも、オートマチック・ピストルになると、タマの火薬は銃身後尾にある薬室（チェンバー）で燃え、薬室はスライドの裏に組み込まれたブロック（金属塊）でしっかり栓（蓋）をされているので、フレームにはそれほど大きな負荷がかかりません。それで、銃身とスライドが鋼鉄製であれば、フレームその他の部分はもっと柔らかく軽い素材で造ることもできるのです。

1970年代に強化プラスティックをはじめて拳銃のフレームとグリップに採用したのは、ヘッケラー＆コック社のVP70でした。約10年後、今度は「ポリマー2」という素材を使ったグロック17がオーストリアで開発され、一躍脚光を浴びました。ポリマーというのは、単純な構造の分子化合物が二分子以上結合してできる分子量の大きな化合物で、ポリ袋のポリエチレンなどの合成樹脂もポリマーの一種です。グロックに使われたポリマー2は開発者ガストン・グロックの発明品で、摂氏200度からマイナス60度の環境においてもなんの変化も現れないほど頑丈なプラスティックです。しかも軽い。欠点といえば、成形にやや難があることくらいです。それで、銃器界の老舗であるスミス＆ウェッソン社やワルサー社、そして他の新興メーカーもこれに追従するようになりました。

ポリマーと金属を効果的に使用した銃

代表的なポリマーフレーム銃、
グロック17（上）とワルサー P99

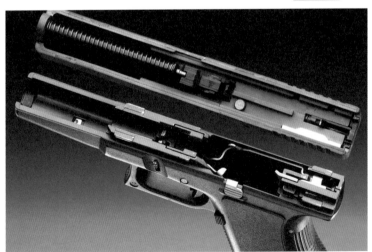

通常分解したグロック17。外観部分はプラスティックが多いが、スライドとそこに収まっている部品はすべて鋼鉄製である。

デザート・イーグルは
片手で撃てるか?

そもそも拳銃の定義は片手で撃てる小火器

「砂漠の鷲」という洒落たモデル名をもつデザート・イーグルは、オートマチック・ピストルでありながらリボルバー用の強力なマグナム弾を撃てる拳銃として1980年代に登場しました。製造販売は357マグナム弾用モデルからはじまりましたが5、6発に一回作動に不具合がおきるものがあって評判が悪かったものの、44マグナム弾を撃てるモデルで成功してから、その2倍のエネルギーがあるといわれる50AE(アクション・エキスプレス)弾を撃てるモデルも開発されました。

市販されているデザート・イーグルには銃身長や口径によっていくつかバリエーションがあり、代表的な銃身6インチのモデルの仕様は以下のようになっています。使用するタマが44マグナム弾の場合、全長26.9cm、重量1.78kg、銃口エネルギーは約103.5kgm。タマが50AE弾の場合、全長26.9cm、重量2.05kg、銃口エネルギーは約193.2kgm。対して、たとえば9mm弾を使う軍用のベレッタM9ピストルは、全長21.7cm、重量0.96kg、銃口エネルギーは約47.6kgmしかありません。

デザート・イーグルがいかに大きくて重く、大きなエネルギーを発するかわかりますが、そもそも拳銃の定義は「片手で撃てる小火器」ですから、適切な撃ち方を教わって練習すれば片手でも問題なく撃つことができます。ただ、強い反動を制御して作動を確実にするため、発射ガスを直接利用するアサルト・ライフルと同じ機構が組み込まれています。タマの入った薬室（チェンバー）はライフルと同じく回転式の栓で確実に栓（蓋）をし、発砲のあと銃身の前方にあけた穴から発射ガスを取り込み、その強力な圧力を下にあるピストンに伝え、ピストンがスライドを後退させて薬室の栓（蓋）を開き、空薬莢を外に出すのです。

回転式ボルトを搭載した拳銃

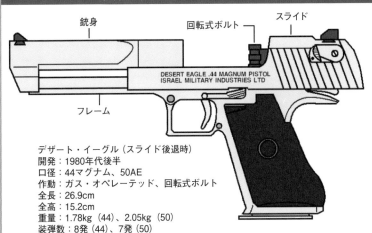

銃身　　　回転式ボルト　　スライド

DESERT EAGLE .44 MAGNUM PISTOL
ISRAEL MILITARY INDUSTRIES LTD

フレーム

デザート・イーグル（スライド後退時）
開発：1980年代後半
口径：44マグナム、50AE
作動：ガス・オペレーテッド、回転式ボルト
全長：26.9cm
全高：15.2cm
重量：1.78kg（44）、2.05kg（50）
装弾数：8発（44）、7発（50）

ニューナンブM60との大きさ比較

DESERT EAGLE .50AE PISTOL
ISRAEL MILITARY INDUSTRIES LTD

日本の警察が使用するニューナンブM60とデザート・イーグル。
ニューナンブM60の全長は198mm、重量は685g。

Nikita

ニキータ
DVD & Blu-ray発売中
DVD：1,429円／Blu-ray：2,500円（税抜）
発売元：（DVD）アスミック・エース、ワーナー・
　　　　ブラザース・ホームエンターテイメント
　　　　（Blu-ray）アスミック・エース
販売元：（DVD）ワーナー・ブラザース・ホーム
　　　　エンターテイメント
　　　　（Blu-ray）KADOKAWA
©by Gaomont- Gaomont Production-Cecchi Gori
Tiger Cinematografica 1990.

　大口径オートマチック・ピストルの雄 "デザート・イーグル" は、
別名 "ハンド・キャノン" といわれるほど迫力がある銃なので見ば
えがよく、数々の映画に登場する。この作品でも、華奢なヒロイン
が "ドカッ!! ドカッ!!" と撃ちまくる。

ニキータ

製　　作：1990年　フランス
監　　督：リュック・ベッソン
キャスト：アンヌ・パリロー、ジャン=ユーグ・アングラード、他
配　　給：日本ヘラルド映画

写真：Everett Collection/アフロ

STORY
ニキータ

麻薬中毒者だったニキータ（アンヌ・パリロー）はクスリ欲しさから誤って警官を射殺し、死刑宣告を受ける。だが、殺戮本能を見込まれ、死刑を免れる代わりに暗殺者になるよう政府から強要される。仕方なく運命を受け入れたニキータは、3年間の厳しい訓練を耐え、過酷な任務を遂行する女殺し屋として生まれ変わっていく。

タマを撃ち切った**オートマチック・ピストル**の引き金を引くシーンはおかしい?

弾切れを知らせ、次の弾倉の装填を容易にするスライド・ストップ

　銃撃戦でやみくもに撃っているうち、引き金を引いてもカチカチというむなしい音しか聞こえなくなって、はじめてタマ切れであることを知るシーン——よくあります。

　ですが、その銃がリボルバーでないかぎり現実にそんなことはありえません。銃身を覆っているカバーのようなスライドが後退したままとまってしまい、引き金が反応しなくなるので、すぐにタマ切れがわかるからです。弾倉（マガジン）に込めたタマがなくなったときには、弾倉のなかでタマを上へ押し上げる役目をしていたばねが底板をてっぺんに押し上げ、後退したスライドが戻るのをストップするフレーム側のパーツと噛み合ってしまうのです。

　だから、射手はむだに引き金を引かなくてもよく、予備の弾倉があれば、空の弾倉を落としてからグリップに新しい弾倉を入れ、スライドを戻す操作をしてタマを薬室に押し込み、射撃に戻れます。ただし、スライドが後退してとまっていなければ、弾倉が空だろうと弾倉がグリップ内に入っていなかろうと、引き金と撃鉄（ハンマー）が連動したダブル・アクションのピストル（DAオート）なら、カチカチと引き金を引くことはできます。

　後退したままとまっているスライドを戻す操作は、銃の左サイドに付いている細長いレバー（スライド・ストップ・レバー）を指で押し下げてもいいし、新しい弾倉を入れたあとならさらに少しスライドを引いて放してやればいい。

　ちなみに、軍用のアサルト・ライフルにもタマ切れを知らせるこの機能が付いているものがあります。その代表的なものはアメリカのM16ファミリーです。旧ソ連のAK-47には付いていません。ヨーロッパの軍用ライフルには付いていないこともよくあります。パーツをふやしてよけいなコストをかけたくないからとか、機関部に空間ができると泥やゴミが入り込む可能性が高くなるから、などと説明されています。

スライド・ストップ・レバーの役割

スライドが後退しきってスライド・ストップがかかった状態。この状態では引き金は引けない。

上部スライドのくぼみにスライド・ストップが噛み合っている状態。空の弾倉を新しい弾倉に替えたあと、引き金の上側にあるスライド・ストップ・レバーを押し下げると、スライドは前進し弾薬が装填される。

拳銃に**スコープ**を付けて役に立つのか?

狩猟用でスコープを、競技用にドット・サイトを付けることがある

　拳銃とは＝兵士が携帯する脇役的な兵器、警察官が治安維持のために携帯する武器、民間人が護身のために所持する小火器、犯罪者が悪事をはたらくとき使う凶器。

　以上のように定義すれば、かさばる光学照準器など邪魔になるだけだと思うかもしれません。そんなものを付けていたら重くなるし、バランスが悪くなるし、ポケットにもふつうのホルスターにも入らない、と。でも、現実にはリボルバーにもオートマチック・ピストルにも光学照準器を載せることはあります。

　"スコープ"といわずにあえて光学照準器としたのは、いわゆる"ドット・サイト"を載せることもあるからです。両者のちがいは、スコープが遠くのものを拡大して見る望遠照準器であるのに対し、ドット・サイトには拡大機能がなくLEDを光源とする点を標的に合わせて狙う照準器だということです（142ページ参照）。

　距離が近い標的に使う拳銃に光学照準器を載せるなんて違和感があるかもしれませんが、たとえばアメリカのルガー社が1980年代末に狩猟用として開発したリボルバー、スーパー・レッドホークは、はじめからスコープを載せることを前提として設計されました。使用するタマは44マグナム弾で、スコープ・マウント用の溝がフレーム上部に切ってあり、150m以内の射程にいるクロクマやイノシシなどを狩るための拳銃でした。

　また、通称"レース・ガン"と呼ばれる競技用のカスタム銃には、無倍率のドット・サイトを載せます。この照準器にはスコープのような筒型のチューブ式と、むき出しのレンズにドットを映すオープン式の2種類があります。IPSCとかビアンキ・カップとかスティール・チャレンジなどのコンバット・シューティング競技で、おもにオートマチック・ピストルのレース・ガンに載せて使われます。

拳銃に光学照準器を載せた場合のアイ・リリーフ

ドット・サイトを付けたコルト・パイソン 2.5インチモデル

ライフルの場合　アイ・リリーフ

拳銃の場合　アイ・リリーフ

スコープ（望遠照準器）はその構造上、目と接眼レンズが適切な距離にないと正しく見えない。その距離を「アイ・リリーフ」という。ライフルと拳銃では射撃姿勢が違うため、適切なスコープのアイ・リリーフも異なる。なおドット・サイトには決まったアイ・リリーフがなく、目に近い位置でも遠い位置でも問題なく使える。

コンシールド・キャリー・ウェポンとは？

銃を含む護身用の武器を隠して携帯（秘匿携帯）すること

コンシールド・キャリーとは、武器を服やバッグに隠して携帯することです。"武器"とはおもに拳銃のことですが、ナイフ、ペッパー・スプレー（2オンス以上）も含みます。これを規制するのは、アメリカの場合、連邦ではなく、州です。きっかけは1981年のレーガン大統領暗殺未遂事件でした。このとき当時報道官だったジェイムズ・ブレイディも被弾して、車椅子生活を余儀なくされたのを契機に、民主党のクリントン政権時代の1994年、連邦レベルでの銃規制法、「包括的犯罪防止法」という10年間の時限立法ができました。その連邦法に猛然と反発したのは全米ライフル協会（NRA）で、その結果彼らが勝ち取ったのは、州レベルでのコンシールド・キャリー・ウェポン法（CCW法）でした。銃を含む護身用の武器を隠して携帯（秘匿携帯）することを許可するかどうか、州が判断する、というものです。

結局、州は「アンレストリクテッド・ステート」、「シャル・イシュー・ステート」、「メイ・イシュー・ステート」、「ノー・イシュー・ステート」にわかれました。アンレストリクテッドは制限がないという意味ですから、文字どおり武器の携帯に許可はいらない州です。シャル・イシューは、申請すれば原則として許可を出すという州、メイ・イシューは、市、郡、警察、保安官など各自治体の裁量にまかせるという州のことです。ノー・イシューは支給しないという意味ですから、武器の携帯に許可を出さない州です。右ページのイラストでもかわるように、2017年にはその州がひとつもなくなりました。

ただし、どこの州でも、政府機関の建物、空港、学校、警察署、刑務所、裁判所、投票所、キリスト教教会やユダヤ教のシナゴーグやイスラム教のモスク、パレードやデモ、アルコールの販売が許可されている場所などでは、武器の秘匿携帯は一律に許されません。

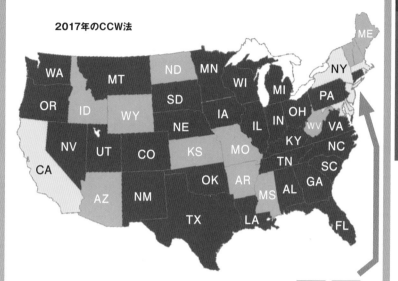

各州のコンシールド・キャリー法

2017年のCCW法

VT | NH
MA | CT
RI | NJ
DE | MD

携帯に規制はない（12州）
申請があれば原則として許可証を発行（30州）
各自治体の裁量にまかせて許可証を発行（8州）

撃鉄がないように見える拳銃は
どうやって発砲するのか?

撃鉄がなくとも撃針が弾薬の尻を叩けば発火する

　じつを言うと、銃に撃鉄など必要ありません。機構上撃鉄がないボルト・アクション・ライフルがそのいい例ですが、ようするにタマの底に埋め込んであるボタン電池のような点火装置（雷管）を打って、発火させられればいいのです。そうしたら、火薬に火がつきますから。ふつうその役目は撃鉄にたたかれる撃針というパーツが果たしますが、撃針でなくても先が少し尖っている細い棒のようなものあれば用が足ります。

　だから撃鉄など省略し、"先が少し尖っている細い棒"を組み込んであるだけの銃もあり、オートマチック・ピストルには今も昔も撃鉄がないモデルがいくつか存在します。ルガーP08や南部十四年式、グロックやファイブ-セブン・ピストルなどがそうです。

　そうしたオートマチック・ピストルは、「ストライカー」という先が少し尖った細い棒を内部に組み込んでいます。この棒にばねを組み合わせ、引き金を引けばつっかいがはずれて後退していた棒が前進し、雷管の底を突き、弾丸が発射されます。

　撃鉄があるとよけいなパーツで銃が重くなるし、動く部品なので命中率に影響しかねないし、なにかに引っかかれば暴発の危険もあります。一方で、外から操作できる撃鉄があれば手動で発砲準備と解除がかんたんにできるし、撃鉄が起きないよう、または動かないようにする確実な安全装置と組み合わせることもできます。

　リボルバーで撃鉄がないモデルは、フレームのなかに隠れているだけですが、外からの操作ができないため引き金を引けば連動して撃鉄も動くダブル・アクションでしか発砲できなくなります。銃身の短い小型のリボルバーに多いタイプですが、小さなリボルバーはバッグや服のポケットに隠して持つこともあるので、急いで取り出すとき撃鉄が引っかかって暴発がおきないようにするためです。

撃鉄がない（見えない）拳銃

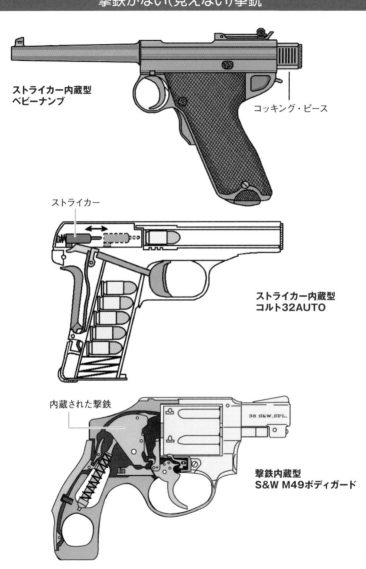

ストライカー内蔵型
ベビーナンブ

コッキング・ピース

ストライカー

ストライカー内蔵型
コルト32AUTO

内蔵された撃鉄

撃鉄内蔵型
S&W M49ボディガード

38 S&W.SPL.

ロシアン・ルーレットのやり方とは?

よく間違って描写される、シリンダーの回し方

1978年公開の映画『ディア・ハンター』に出てくるロシアン・ルーレットのシーンは、見た者にとても強烈な印象をのこしました。ヴェトナム戦争で捕虜になったアメリカ兵や南ヴェトナム軍兵士たちが、命を賭けたロシアン・ルーレットを強要され、リボルバーの銃口をこめかみにあてて引き金を引いていくのです。その恐怖と必死に闘うものすごい形相、人間がだんだん壊れていくさまが衝撃的でした。

ロシアン・ルーレットとは、リボルバーにタマを1発だけ入れ、タマの入っている穴の位置がわからなくなるようシリンダーを適当にまわし、銃口を頭部の横にあてて引き金を引く命がけのゲームです。撃鉄がシリンダーの空の穴を打てば命拾い、弾丸が発射されたら脳みそが吹き飛んで一巻の終わり。

でも、じつをいうとこれでは説明不足です。リボルバーといってもどんなリボルバーなのか? 撃鉄を指で起こさないと撃てないシングル・アクション・リボルバーでもできるのか? フレームに嵌め込まれたシリンダーはかんたんにまわせるのか?

『ディア・ハンター』で使われていたリボルバーは、引き金と撃鉄が連動して動く“ダブル・アクション”で、シリンダーを左横に振り出す“スイングアウト式”でした。解放戦線兵士はその①シリンダーを振り出し、②タマを1発だけ穴に装填したあと、③シリンダーを手で勢いよくまわし、④フレームに嵌め直してから、捕虜にわたしました。

この順序なら正解なのですが、娯楽メディアではよく③と④が入れ替わっています。フレームに嵌め込まれたシリンダーは、自由に回転できません。ロシアン・ルーレットをやるためにその状態で回転させたいなら、まず指で撃鉄を若干起こし、シリンダーのストッパーを解除してからまわすしかありません。

映画『ディア・ハンター』 — *The Deer Hunter* —

写真：AFLO

THE DEER HUNTER

STORY
ディア・ハンター

マイケル（ロバート・デ・ニーロ）は田舎町の製鉄所に勤める青年。鹿狩り仲間でもある親友たち、ニック（クリストファー・ウォーケン）ら5人は皆、ヴェトナム戦争に召集され北ベトナムへ。アメリカ軍は劣勢を呈し、ついにマイケルたちは捕虜となってしまう。様々な苦難を乗り越え、マイケルは故郷へ帰還。故郷の仲間たちは暖かく迎えてくれるが、マイケル自身は以前とはどことなく雰囲気が変わっていた。

製　作：1978年　アメリカ
監　督：マイケル・チミノ
キャスト：ロバート・デ・ニーロ、クリストファー・ウォーケン、他
配　給：ユニバーサル映画、ユナイテッド・アーティスツ

捕虜となった米兵3人は、監禁された小屋で敵兵に囲まれ"ロシアン・ルーレット"を強制的にさせられる。隙をついて弾を余分に装填したマイケルは敵兵を射殺し難を逃れる…。この映画の象徴的なシーンだ。

ロシアン・ルーレットの手順

一発だけタマを込め、シリンダーを回し、戻せば準備完了。

アメリカ西部に平和をもたらしたという ピースメーカーはコルトが造った？

サミュエル・コルトは開発にはかかわっていない

アメリカの西部開拓時代に使われた銃、コルトのシングル・アクション・リボルバーにはいろいろな口径、銃身長があると同時に、いろいろな呼称があります。陸軍に採用されたのでシングル・アクション・アーミー（SAA）というのが正式な名称とされていますが、広く一般にも使われ、カウボーイ・ガン、コルト45、シックス・ガン、フロンティア・シックス・シューター（ウィンチェスター M73レバー・アクション・ライフルと共通の44口径）などとも呼ばれました。なかでもいちばん有名なのは、「コルト・ピースメーカー」という名称でしょう。

でも、おかげで誤解も多く生まれました。「開発者のサミュエル・コルトは聖書の一節を引用し"平和をもたらす者ピースメーカー"という名前を付けた」という解説がありますが、これはふたつの誤解を広める結果になっています。"コルト"という固有名詞が付いているため、サミュエル・コルトが開発したとよく思われているものの、彼は1814年に生まれ、1862年（南北戦争勃発の翌年）に48歳で他界しているので、1873年に世に出たピースメーカーの設計にも製造にもまったくかかわっていません。

また、サミュエルの妻エリザベスがとても信心深い女性でしたから、"ピースメーカー"という名前を聖書と結びつけるともっともらしく聞こえます。たしかに、『新約聖書』の「マタイの福音書」第5章9節には、「平和をつくる者は幸いです。その人は神の子どもと呼ばれるからです」とありますが、名付けたのはエリザベスではありません。その名は販売代理店が付けた、と一般的には考えられています。さらに、英語の"peacemaker"には「仲裁人、決着をつけるもの」という意味もあり「（西部に）平和をもたらすもの」というより「争いにケリをつける道具」という意味合いのほうが強かったのかもしれません。

コルト
シングル・アクション・アーミー

ウェスタン・ファンにはお馴染みの"コルト・シングル・アクション・アーミー"。この拳銃は現在でもなお愛されている名銃である。写真は早撃ちに適した短い銃身の通称"シビリアン・モデル"。

キャバルリー(銃身長191mm)

アーティラリー(銃身長140mm)

シビリアン(銃身長121mm)

コルトの"シングル・アクション・アーミー"には、銃身の長さの違いで様々なモデルが存在する。写真はその代表的モデルの3挺である。

　前作パート2で、主人公が80年代風カフェにてガンシューティング・ゲームの上手なところを見せるシーンがある。今作品の伏線になっていて、コルト・ピースメーカーのセールスマンに見事なガンプレイを披露しこの銃をゲットする。

バック・トゥ・ザ・フューチャー PART3

製　作：1990年　アメリカ
監　督：ロバート・ゼメキス
キャスト：マイケル・J・フォックス、クリストファー・ロイド、他
配　給：ユニバーサル映画、UIP

写真：Album/アフロ

STORY
バック・トゥ・ザ・フューチャー PART3

バック・トゥ・ザ・フューチャー三部作の最終作。前作で1955年に取り残されたマーティ（マイケル・J・フォックス）は、親友の科学者ドクが残していったデロリアン（車型タイムマシーン）を発見し、ドクがいるアメリカ開拓時代の1885年にタイムトリップ。マーティとドクは現代に戻ろうとするが、肝心のデロリアンはガス欠だった。

グロックのユニークな
セイフ・アクションとは？

弾薬を薬室に入れても、撃針バネは70パーセント伸びるだけ

　本書ではすでに何度もグロックの名前が出てきていますが、多くの部品がポリマーという強化プラスティックでできているこの拳銃は、ほんとうに画期的なものでした。1980年にオーストリアのガストン・グロックという人物が考案し、アメリカ国内では4000以上の公的機関、世界的には約50カ国（日本の海上保安庁も含む）が制式採用しています。

　グロックは、スライドが後退して戻る（弾薬が薬室に入る）と、撃針後端についているフック（右頁図❶の紫の部分）が途中でトリガーバー後端の突起（同図の青い部分）に引っかかるよう設計されています。

　バネは中途半端に伸びた状態で、約70パーセントが伸びたまま保持されます。このまま撃針に弾薬の雷管を打たせても、打撃力が弱くて撃発はおこりません。それで、撃針のバネを100パーセント伸ばす、つまり撃発に至るだけの打撃力を得るため、引き金を引いて撃針のバネののこり約30パーセント（約9.5ミリ）を伸ばします。

　引き金を引くと、トリガーバーの途中にある突起が内蔵安全装置を押しあげ、それを自動的に解除します。トリガーバーの後端の青の突起は少し迫りあがっていて、撃針のフックに引っかかっているので、引き金を引けば撃針のバネがさらに伸びていきます。

　トリガーバー後端のもうひとつの突起（橙色の部分）は、トリガーバーの左側にセットされた水色のパーツの四角いスロットに入っています。引き金を引いていくと、トリガーバーの後退とともに橙の突起もスロットのなかで後退します。さらに引き金を絞ると、トリガーバー後端の突起が水色のパーツの反対側に付いているコネクターという部品（緑）の斜面に突きあたってすべり落ち、橙の突起もスロットのより大きい穴へすべり落ちて、トリガーバー自体が下降します。橙の突起が下降して、トリガーバーも下にさがれば、撃針のフックがはずれ、バネが急激に縮んで撃針が前進します。そして弾薬底の雷管を打つ、という仕組みです。

グロックのセイフ・アクション

グロック17
口径：9mm
全長：186mm
重量：703g
装弾数：17発

グロックのセイフ・アクション

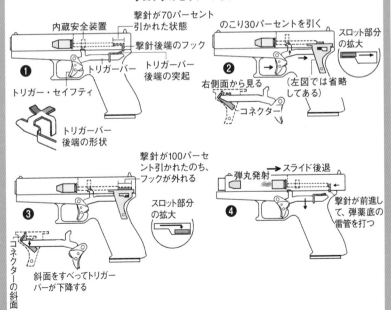

①
内蔵安全装置
撃針が70パーセント引かれた状態
撃針後端のフック
トリガーバー
トリガーバー後端の突起
トリガー・セイフティ
トリガーバー後端の形状

②
のこり30パーセントを引く
スロット部分の拡大
右側面から見る
コネクター
（左図では省略してある）

③
撃針が100パーセント引かれたのち、フックが外れる
スロット部分の拡大
コネクターの斜面
斜面をすべってトリガーバーが下降する

④
弾丸発射
スライド後退
撃針が前進して、弾薬底の雷管を打つ

アメリカではどんな**拳銃**が人気で、売れているのか?

人気があるのは多くがコンパクトなダブル・アクション拳銃

most popular handgunsとかbest-selling pistolsとかいう言葉をキーワードにして、ランキングをネット検索してみると、条件付きとはいえ拳銃所持規制が大幅にゆるいアメリカで、どんな拳銃に人気があり、マーケットで売れているかが見えてきます。

人気があって売れているのはオートマチック拳銃ですが、5〜6発連発のリボルバーも護身用としてまだまだ健在です。トーラス85、ルガーLCR、キンバーK6s、スミス&ウェッソン642などは小型のスナブノーズ（銃身2インチ程度）で、しかも撃鉄が引っかからないハンマーレス・タイプである点が共通しています。口径はポピュラーな.38スペシャルか、357マグナム。狩猟にいく際にもっていくリボルバーとしては、.44マグナムのスミス&ウェッソン629、.357マグナムのルガー・ブラックホークが人気のようです。

オートマチック拳銃では、たいていのサイトのランキングに入っているのが、グロック19。9ミリ弾を15発も装填できる軽量ポリマー・フレームのグロックのコンパクト・ピストルです。.380ACP弾を使うサブコンパクト・ピストル、ルガーLCPもかならずといっていいほどランキングに入っています。スミス&ウェッソン・シールドは、同社のフルサイズ・モデルM&P（ミリタリー&ポリス）のコンパクト版で、口径は9ミリと.40S&Wを選択できます。ベレッタM9に代わって2017年からアメリカ軍の制式拳銃となったSIGP320も、フルサイズではありますがさすがに人気があります。

人気があるのは多くがダブル・アクションですが、古いガバメントのようなシングル・アクション・ピストルも複数のランキングに入っていたのは意外でした。ルガーSR1911はガバメントのコピーのようなものですが。サブコンパクトであるスプリングフィールドXD-Sも人気があります。また、SIGP938、SIGP238もランキングに入っています。

アメリカで人気があるハンドガン

キンバー K6s
口径：.357マグナム
全長：168mm
重量：652g
装弾数：6発

グロック19
口径：9mm×19
全長：174mm
重量：595g
装弾数：15発

ルガー LCP
口径：.380ACP
全長：131mm
重量：266g
装弾数：6発

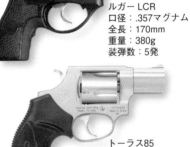

ルガー LCR
口径：.357マグナム
全長：170mm
重量：380g
装弾数：5発

スミス＆ウェッソン・シールド
口径：9mm
　　　.40S&W
全長：155mm
重量：539g
装弾数：7発（6発）

トーラス85
口径：.38スペシャル
全長：158.8mm
重量：663g
装弾数：5発

スプリングフィールド XD-S
口径：9mm
　　　.357SIG
　　　.40S&W　ほか
全長：180mm
重量：650g
装弾数：16発（12発ほか）

FBIはどんな拳銃を
制式採用してきたのか?

銃を隠しやすいスナブノーズから多弾数、高威力の拳銃へと移行

　アメリカ連邦捜査局FBIは、1908年7月に創立された司法省下の捜査機関です。捜査官に拳銃が正式に支給されるようになったのは、1934年のことです。一種類ではなく、.38スーパー弾仕様の古いシングル・アクション・セミ・オートマチック拳銃コルト・ガバメント、.357マグナム弾仕様のNフレームのリボルバー、.38スペシャル弾仕様の各種スミス&ウェッソン（S&W）・リボルバーなどでした。

　捜査官は私服のため、銃を隠しやすいようスナブノーズ（銃身2インチ程度）のコルト・ポケット・ポジティブ、ディテクティブ・スペシャル、S&Wボディガード、S&Wチーフス・スペシャルなどが愛用されました。リボルバーで最後に採用された拳銃は、銃身3インチで.357マグナム弾仕様のS&Wモデル13です。この銃は、FBIがS&W社に発注してつくらせたもので、FBIスペシャルと呼ばれ、局内ではたいへん好評でした。

　1980年代に入ると、オートマチック拳銃に目がむけられるようになり、FBIのSWATはS&W社のモデル459という9ミリ口径、装弾数14発のダブル・アクション・ピストルをはじめて採用しました。しかし、1986年4月にマイアミでFBIとふたりの銀行強盗の銃撃戦がおき、そのとき犯人側が被弾してもなかなか行動不能にならなかったことが問題になりました。結局これは使用弾薬の問題でしたが、1988年FBIは9ミリ口径、装弾数15発のSIG P229を採用しました。その後も多弾数、高威力の拳銃を模索しつづけ、その結果採用されたのが40S&W弾仕様のS&Wモデル1076という拳銃でした。

　1997年には、同じ40S&W弾仕様のグロックM23が支給され、しばらく40口径の時代がつづきましたが、現在では公表されたいくつかの理由から口径は9ミリへ回帰、銃のメーカーはポリマー・フレームのグロックへ移行しています。

アメリカ連邦捜査局FBI採用銃

スミス&ウェッソン・チーフス・スペシャル
口径：9mm
全長：165mm
重量：550g
装弾数：5発

コルト・ディテクティブ・スペシャル
口径：9mm
全長：178mm
重量：595g
装弾数：6発

スミス&ウェッソン M1076
口径：.40S&W
全長：194mm
重量：786g
装弾数：9発

SIG P229
口径：.45S&W
全長：180mm
重量：865g
装弾数：12発

COLUMN

映画と銃②
「戦争映画で活躍する名銃たち」

手に汗握る銃撃戦の大迫力シーン、思わず息を止める狙撃シーン…。極限の戦場で使われる軍用銃には、漢の好奇心が詰まっている!!

作品名 名銃を扱う俳優	この名銃に注目	銃器露出度	リアル度	マニア度	作品情報
ティアーズ・オブ・ザ・サン ブルース・ウィリス	H&K Mark23	★★★ ★★	★★★ ☆☆	★★★ ★☆	製作年：2003 製作国：アメリカ 監督：アントワーン・フークア
スターリングラード ジュード・ロウ	モシン・ナガン M1891	★★★ ★★	★★★ ☆☆	★★★ ★★	製作年：2001 製作国：アメリカ、ドイツ、イギリス、アイルランド 監督：ジャン=ジャック・アノー
荒鷲の要塞 リチャード・バートン	MP40	★★★ ★☆	★★★ ☆☆	★★★ ☆☆	製作年：1968 製作国：イギリス・アメリカ 監督：ブライアン・G・ハットン
史上最大の作戦 リチャード・トッド	ステン MkII	★★★ ★☆	★★★ ☆☆	★★★ ☆☆	製作年：1962 製作国：アメリカ 監督：ケン・アナキン　ほか
地獄の7人 ジーン・ハックマン	M1ガランド	★★★ ★★	★★★ ★★	★★★ ★★	製作年：1983 製作国：アメリカ 監督：テッド・コッチェフ
フルメタル・ジャケット アダム・ボールドウィン	M60	★★★ ★★	★★★ ★☆	★★★ ★★	製作年：1987 製作国：アメリカ 監督：スタンリー・キューブリック
グリーン・ゾーン マット・デイモン	M4A1	★★★ ★★	★★★ ★☆	★★★ ★☆	製作年：2010 製作国：アメリカ 監督：ポール・グリーングラス
エネミー・ライン ジーン・ハックマン	ガバメント M1911A1	★★★ ★	★★★ ☆☆	★★☆ ☆☆	製作年：2001 製作国：アメリカ 監督：ジョン・ムーア
グリーン・ベレー ジョン・ウェイン	M16A1	★★★ ★☆	★★★ ☆☆	★★★ ☆☆	製作年：1968 製作国：アメリカ 監督：ジョン・ウェイン　ほか
ワルキューレ トム・クルーズ	ワルサー PPK	★★★ ★☆	★★★ ☆☆	★★☆ ☆☆	製作年：2008 製作国：アメリカ 監督：ブライアン・シンガー

★銃器露出度……作中での銃の登場頻度
★リアル度　……ガン・アクションが現実的に表現されているか
★マニア度　……監督、演出家、出演者などの銃へのこだわり

第三章

ライフル編

RIFLE

ライフリングが彫られていても すべてライフルとはかぎらない?

現在ではほとんどの銃身に彫られている

　ライフリングというのは、銃身の内側にまっすぐ斜めに彫られた数本の浅い溝のことです（42ページ参照）。弾丸に回転を与えてまっすぐ飛ばす工夫で、日本語では「旋条（せんじょう）」とか「腔綫（こうせん）」とか呼ばれますが、ライフルだけでなくリボルバーやオートマチック・ピストル、そしてその他どんな銃の銃身にも彫られています。おもに散弾をばらまくショットガン（散弾銃）だけが、一部の例外をのぞいて彫られていません。

　本格的に採り入れられるようになった19世紀以前は、こびりつく火薬のカスの除去のために1本だけ彫られたりしていましたが、弾丸がまっすぐ飛ぶ効用がわかってもなかなか普及しなかったのは、どんな銃も弾丸を銃口から押し込む先込め式（マズルローダー）だったからです。旋条を彫ると、銃口にも凸と凹ができ、弾丸の直径を凸に合わせるとすき間ができて回転がうまくかからず、直径を凹に合わせるときつくて銃口から入れにくかったのです。

　でも、やがて底をカップ状にくり抜いた「ミニエー弾」という椎の実（しい）形の弾丸が開発されると、旋条はたちまち普及しました。弾丸は小さめでも、火薬の熱でカップの底が膨張して広がり、銃身内の溝にしっかり食い込むようになって、命中率が飛躍的にあがったからです。こうしてアメリカの南北戦争（1861〜1865）より少しまえに「ライフル・マスケット」という銃が誕生しました。旋条を彫られた先込め式の長身銃です。

　やがて金属薬莢ができ、その先に弾丸を嵌め込んだ「弾薬」が開発され、銃身後尾からそれを込める元込め式（ブリーチローダー）の銃になると、直径を凹に合わせてもタマ込めが楽になり、弾丸も銃身内の溝としっかり噛み合うようになりました。その効果はめざましいものなので、銃身に旋条が彫られていないショットガンで大型動物（ビッグ・ゲーム）を狩るときには、散弾の代わりに弾頭自体に旋条が彫られている大きな一粒弾（ライフルド・スラッグ）を使うほどです。

初期のライフリングと弾丸

18世紀後期の先込め式ライフル：ケンタッキー・ライフル（ペンシルヴェニア・ライフル）45口径

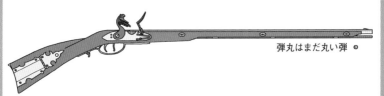

弾丸はまだ丸い弾 ●

いろいろなミニエー弾

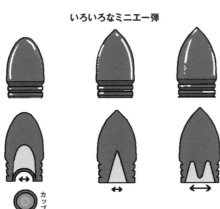

カップ

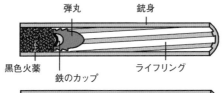

弾丸　　　　銃身

黒色火薬　　　　　ライフリング

鉄のカップ

撃発　発射薬の燃焼によって鉄のカップが膨張し、弾丸の下部
を押し広げてライフリングに食い込ませる。

ライフルの操作や作動には、どんなものがある?

手動／自動あわせて、種類は四つに大別される

連発式ライフルを操作方法で分類すれば、その種類は四つあります。二連式、レバー・アクション式、ボルト・アクション式、そして自動式です。

二連式は「ダブル・ライフル」といって、いまでは需要もかなり少なくなっています。ショットガン（散弾銃）のように銃身を折るかたちで銃尾を露出させ、そこからタマを込めたり、空薬莢を抜いたりします。連発といってももちろん2発ですが、アフリカの猛獣狩りなどに使われるひじょうに強力なライフル弾を撃てるものです。

レバー・アクション式は19世紀後半にアメリカで、ボルト・アクション式はほぼ同時期にヨーロッパで開発されました。レバー・アクション式は用心金の後部をループ状に延長したものに引き金にかける人さし指以外の指3本を入れ、用心金を前方へ押し出したり戻したりして操作します（34ページ参照）。ウィンチェスター社のモデルが有名で、はじめは拳銃弾を使ったためリボルバーとタマを共有できて便利でしたが、パワーに欠けました。のちにはライフル弾を撃つモデルも出たものの、結局軍には採用されませんでした。

ボルト・アクション式はドイツのマウザー（モーゼル）が中心になって開発、改良したもので、薬室を開閉するボルトという部品に付いているハンドルを後方へ引いたり押し戻したりして操作します。はじめから強力なライフル弾を撃つものとして開発されたので、自国の軍にはもちろん、日本、アメリカも含めた世界各国の軍隊に採用されました。

自動式のライフルは、先にマシンガン（機関銃）が登場していたため開発が遅れました。アサルト・ライフル（突撃銃）のように火薬が燃えて出る発射ガスを動力に利用する連射式のものは、弾丸がむき出しの鉛ではなく、薄い銅などで覆ってカスが出ないようにしてはじめて本格的に実用化されました。それまで、ライフルは遠距離射撃に向いたボルト・アクション式で充分だと思われていたのです。

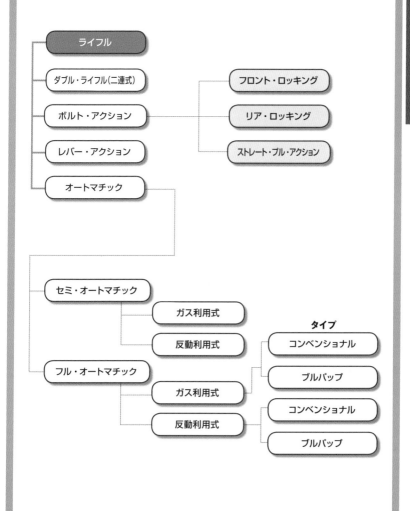

連発式ライフルの分類チャート

- ライフル
- ダブル・ライフル（二連式）
- ボルト・アクション
  - フロント・ロッキング
  - リア・ロッキング
  - ストレート・プル・アクション
- レバー・アクション
- オートマチック
  - セミ・オートマチック
    - ガス利用式
    - 反動利用式
  - フル・オートマチック
    - ガス利用式
      - **タイプ**
      - コンベンショナル
      - ブルパップ
    - 反動利用式
      - コンベンショナル
      - ブルパップ

スナイパーはなぜボルト・アクション式を好むのか?

じっくり狙って撃つ一撃必殺に適したボルト・アクション

　ボルト・アクション・ライフルというのは、薬室（チェンバー）を開閉するボルトという部品を手動で前後に操作する連発式ライフルのことです。ボルトには、握りやすいようハンドルが付いていて、薬室に栓（蓋）をするときにはハンドルを下向きに固定しておき、薬室から空薬莢を引っぱり出すときにはこれをいったん上げ、うしろへ引く操作をします。なので、連発式とはいえ、つづけて撃つ場合には自動式（オートマチック）よりはるかに遅くなります。

　でも、そもそも狙撃はじっくり狙って撃つ一撃必殺であるべきなので、速さは求められていません。銃口にサイレンサーをつけておけば、弾丸がどこから飛んできたのか相手にはすぐにわからず、その隙に2発目の狙いを定めて引き金を引くこともできます。

　手動操作をするライフルには、ほかにレバー・アクション式がありますが、こちらは銃身の下に付けた筒形弾倉（チューブラー・マガジン）のせいで全長の長いタマ、つまり薬莢が長くて火薬を多量に入れられる強力なタマの収納に向いていません。それに、用心金（トリガーガード）を延長したレバーの操作は、伏射（プローン）にも向いていません。狙撃をする場合、強力なタマは殺傷力もさることながら射程が延びるし、伏射は身を隠すのに有利な体勢なのです。

　ボルト・アクション式が狙撃に向いているもっとも大きな理由は、命中率が高いことです。そもそもボルト・アクション・ライフルには撃鉄（ハンマー）がありません。つまり、引き金を引いて撃鉄のつっかいをはずし、撃鉄に撃針を打たせるという過程が存在しません。引き金を引けばすぐに撃針がまっすぐ前進して、タマの底に埋め込まれた点火装置（雷管）を打って撃発です。銃のブレを最小限に抑えることができるので、命中率がよくなるのです。

　ボルト・アクション式の多くは、材質がなんであろうと、肩当ての部分と銃身を載せている部分の銃床が一体であることも、射撃の際のブレを軽減することに役立っています。

ボルト・アクション・ライフルの構造と操作

コッキングピース

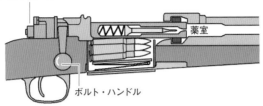

薬室

ボルト・ハンドル

ボルト・ハンドルを上に90度起こす

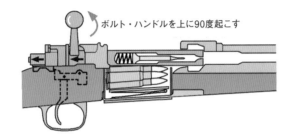

ボルトを後方へ引けば、弾倉の上に空間があき、弾薬がもちあがってくる。ボルトを前方へ押し、その弾薬を薬室に押し込む。

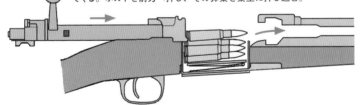

ボルト・ハンドルを90度右下へ倒し、薬室に栓（蓋）をする。コッキング・ピースは後退したままなので、引き金を引けば撃針がバネの力で前進して弾薬の雷管を打ち、発砲。

Shooter

　敏腕スナイパーである主人公が様々な対人狙撃銃、対物狙撃銃を使いまくる中で、軍や公的機関専用の大口径ボルト・アクション・ライフルである"シャイタック M200"も登場。2000mでも弾速は超音速。恐ろしい武器だ。

ザ・シューター/極大射程

製　　作：2006年 アメリカ
監　　督：アントワーン・フークア
キャスト：マーク・ウォールバーグ、マイケル・ペーニャ、他
配　　給：パラマウント映画、UIP

写真：Album/アフロ

STORY
ザ・シューター/極大射程

退役した元海兵隊員のスナイパーであるスワガー（マーク・ウォールバーグ）は、ワイオミング山中で隠遁生活を送っていた。ある日、スワガーに大統領の暗殺計画阻止作戦への参加依頼が舞い込む。だが犯行の当日、現場を監視していたスワガーは、何者かの陰謀に堕ち、大統領暗殺犯に仕立て上げられてしまう…。

ライフルの**ガスオペ**とはなに？

火薬が燃えて発生する燃焼ガスを銃の作動に利用

　ガス・オペレーション、またはガス・オペレーテッドを縮めた言い方です。ガス利用作動式とでも訳せます。おもに全自動式（フル・オートマチック）や半自動式（セミ・オートマチック）ライフルの作動方式のことです。この場合の"ガス"とは、玩具のエアソフト・ガンに注入するフロン・ガスのことではありません。火薬が燃えて発生する高圧ガスのことで、弾丸は銃身のせまい筒のなかで発生するこの熱いガスの圧力で発射されます。

　このガスは、さらに利用されます。銃身前方にあけてある小さな穴から、上か下に付いているチューブ（ガス・シリンダー）に取り込まれ、なかに入っているピストンを介して薬室（チェンバー）に栓（蓋）をしているボルトを後退させます。ボルトは後退するとき空薬莢を引っぱって、外へ排出します。空薬莢がなくなれば薬室があき、弾倉（マガジン）から新たなタマがそこへ押し込まれます。このサイクルが、弾丸の発射にともなってずっとつづくのです。

　この作動方式が本格的に実用化されるまでには、いろいろ試行錯誤がありました。20世紀初頭には試作品もできていましたが、鉛のカスや汚れが穴を塞いだりチューブをせまくしたりして、安定した作動が望めませんでした。でも、銃の構造もタマも改良され、まずは半自動式ライフル、M1ガランドなどが完成されました。

　ガスオペを利用した全自動のライフルを完成させたといえるのは、第二次大戦中のドイツです。シュトゥルムゲヴェーア（突撃銃、S・G）44で、その後これに追従して旧ソ連のAK-47、アメリカのM16などが設計、製造されました。M16は、チューブに引き込んだ発射ガスをピストンを介さずに直接（ダイレクト）ボルトに吹きつけて後退させるやり方（インピンジメント）を採っています。ピストンがないだけ銃が軽くなって射撃時のブレも小さくなりますが、機関部は汚れやすくなり高温にもさらされるというマイナス面もあります。

ガス利用式（ガスオペ）の仕組み

ロング・ストローク・ピストン（AK-47アサルト・ライフル）

コッキング・レバー　ガス・ピストン

ボルト

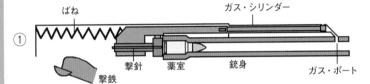

① ばね　ガス・シリンダー

撃針　薬室　銃身　ガス・ポート

撃鉄

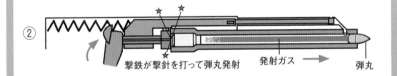

② ☆ ☆

撃鉄が撃針を打って弾丸発射　☆　発射ガス →　弾丸

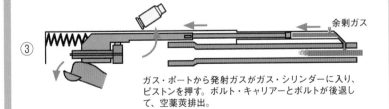

③ 余剰ガス

ガス・ポートから発射ガスがガス・シリンダーに入り、ピストンを押す。ボルト・キャリアーとボルトが後退して、空薬莢排出。

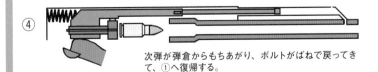

④ 次弾が弾倉からもちあがり、ボルトがばねで戻ってきて、①へ復帰する。

「突撃銃」は兵士が突撃するときの ために造られた?

命名したのはヒトラーだが、突撃時の銃ではない

「突撃銃」の名付け親は、第二次大戦中のドイツのヒトラー総統です。ドイツ語ではSturm+gewehr（シュトゥルム+ゲヴェーア）で、ふたつの単語をつなげたものです。独和辞典を引けば「暴風、激動、突撃、強襲」+「鉄砲、小銃」ですが、英語ではassault+rifle（アサルト・ライフル）と訳され、日本語では「突撃銃」と訳されました。

従来の歩兵主力武器だったボルト・アクション・ライフルとくらべて全長も射程も短いので、敵の姿がはっきり視野に入る近接戦闘向きですから、「突撃」という言葉は似合っているような気もします。でも、この銃の設計者たちは、おそらくその言葉を念頭に入れていなかったでしょう。戦訓から、ドイツの設計者たちはライフルとサブマシンガン（短機関銃）の中間的な軽量の小火器を開発しようとしていたのです。

ライフルの長い射程はもう必要ないが、拳銃弾を使うサブマシンガンの短い射程では不足だから、従来のライフル弾を短くして火薬の量を減らし、なおかつサブマシンガンのような全自動機能をもつ銃を開発することが使命だと感じていたのです。設計者たちは、それをマシーネン・カラビナー（マシン・カービン=MKB）と名付け、ハーネル社とワルサー社がそれぞれに研究を進めました。

ところが、戦争突入後に新しく主力武器を開発している余裕などないと感じたヒトラーがそれを認めなかったため、設計者たちはマシーネン・ピストーレ（マシン・ピストル=MP）の開発だと偽ってひそかに作業を進め、のちにMP43を完成させました。これがさらにMP44となり、東部戦線に投入されて成果をおさめたので、ヒトラーもこの武器を認めざるをえなくなり、自ら「シュトゥルムゲヴェーア44（StG44）」と命名したのでした。結局、StG44は約45万挺製造されて終わりました。

シュトゥルムゲヴェーア44の内部構造

ガス・レギュレーター

コッキング・レバー

マガジン・キャッチ

ピストル・グリップ

シュトゥルムゲヴェーア44の作動のしくみ

ピストン

ボルト・キャリアー

ボルト

発射ガス

ガス・シリンダー

銃身　撃針

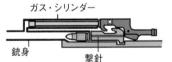

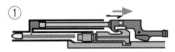

① 弾丸発射後に、発射ガスの一部がガス・シリンダーに入り、ピストン＋ボルト・キャリアーを押しはじめる。

② 後退したボルト・キャリアーがボルトと噛み合い、後端下の突起が溝から抜け出る。

③ ボルト・キャリアーはボルトを引っぱりながら後退をつづける。

オートマチック・ライフルと
アサルト・ライフルの違いとは？

現在では民間用の半自動ライフルをオートマチック・ライフルという

弾幕を張れるほどの連射が可能な全自動ライフルは、本来民間人が使う必要などありません。でも、"民間"のなかには"法執行機関"も含まれていて、彼らが軍用ライフルの性能に期待する状況もたまには出てきます。そんなときアメリカでは、警察などが軍用ライフルを半自動に制限したライフルを装備し、使用することがあります。また、軍用のライフルを撃ってみたいと思う銃器愛好家もいるので、やはり半自動に制限したライフルを"スポーター"と称し、軍用と誤解されないようグリップの形を変えたりして民間に販売することもあります。さらには、軍用ライフル弾でなく拳銃弾しか撃てないように改造した半自動の市販モデルもあります。つまり、オートマチック・ライフルと呼ばれるものは、現在ほとんどが以上のような半自動ライフルのことです。

いっぽうアサルト・ライフルというのは、全自動／半自動切替可能な軍用ライフルのことです。全自動の代わりに、1回引き金を引くと3（2）発だけが連射される"点射"機能が付いているものもあります。使用するタマは、口径が小さくてもエネルギーが高い強力なライフル弾です。第二次大戦中にドイツが開発し、ヒトラーが「シュトゥルムゲヴェーア」と名付けた中口径ライフルが元祖で、「アサルト・ライフル」はその英訳であり、「突撃銃」は和訳です。脱着可能な箱形弾倉に入れた20〜30発を連射でき、各国のほとんどのモデルは火薬が燃えて出る発射ガスを利用するガス・オペレーションという作動方式（112ページ参照）を採用しています。

アサルト・ライフルのもうひとつの大きな特徴は、連射される弾丸の反動をまっすぐ後方で受けとめられるよう銃床が「直銃床」になっていること、そのため引き金に指がかけやすいよう「ピストル・グリップ」が付いていることです。

アサルト・ライフルとオートマチック・ライフル

アサルト・ライフル（全自動ライフル）

AK-47 アサルト・ライフル

30発用箱形弾倉

ピストル・グリップ

オートマチック・ライフル（AK-47を半自動化したモデル）

中国ノリンコ製のAKスポーター MAK-90

5発用箱形弾倉

サム・ホール・ストック

AKはなぜ悪役の武器という
レッテルが貼られているのか?

工業製品としての優秀さがもたらした不運

AKというのは、アヴトマット・カラシニコヴァ、つまり「カラシニコフの自動銃」というロシア語の頭文字をつなげたものです。ミハイル・カラシニコフという人物が、第二次大戦時にドイツが開発した全自動ライフルや、アメリカ軍が使っていた半自動ライフルに触発され、1940年代後半に軍用ライフル、AK-47を開発しました。

カラシニコフが設計でとくにこだわったのは、精密な造りではなく、どんな環境でも故障せずに作動する堅牢さでした。そのため、機関部の部品数を少なくし、部品同士の組みあげにもゆとりをもたせました。おかげで、なにかにぶつけて少々歪んでも、泥や砂などが入ったりこびりついたりしても、問題なく作動するライフルができあがったのです。

ソ連はやがて西側諸国と冷戦状態に入り、北大西洋条約機構(NATO)に対抗してワルシャワ条約機構をつくると、自陣営の東側ヨーロッパ諸国にソ連の武器や兵器を提供したり、同じものを造る許可を与えたりしました。AKライフルもそのひとつで、東ヨーロッパ諸国だけでなく中国や北朝鮮、イラクやエジプトまでがコピー生産しました。

かと思えば、他国の共産化を阻止しようとアメリカが南米の反政府勢力にあえてAKライフルを与えたり、ひんぱんに内乱がおこっていたアフリカの各地でゲリラがAKライフルを手に入れたりしたため、世界の大陸のほとんどに大量に出まわることとなりました。

1991年12月にソ連邦が崩壊すると状況はさらに悪くなり、民間市場に闇製品も出まわって、反政府ゲリラどころかテロリストや凶悪犯罪者の手にまでわたるようになりました。なにしろ少しぐらい乱暴に扱っても壊れないし、たとえ壊れても安く手に入ったからです。こんなふうに、工業製品としての優秀さとはなんの関係もなく、AKには悪役のイメージが定着していったのです。

AK-47の内部構造と作動

頑丈で壊れにくく、構造が単純で安価なAKシリーズ。コピー生産されたものが大量に出回ったこともあり、反政府組織や犯罪者などに広く使われる銃となってしまった。

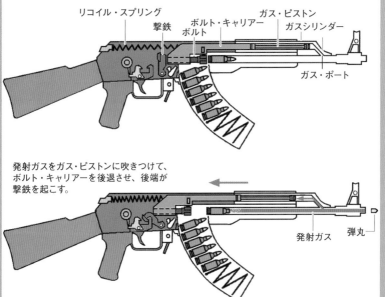

リコイル・スプリング
撃鉄
ボルト・キャリアー
ボルト
ガス・ピストン
ガスシリンダー
ガス・ポート

発射ガスをガス・ピストンに吹きつけて、ボルト・キャリアーを後退させ、後端が撃鉄を起こす。

発射ガス
弾丸

LORD of WAR

　主人公ユーリーのように戦車やヘリ、銃器類までも日用品のごとく売買する武器商人が、ソ連崩壊後に紛争が多いアフリカ諸国を相手にそれらを売りつけた。世界中にAK-47がいかに拡散したかの一端が想像できる作品だ。

ロード・オブ・ウォー

製　作：2005年 アメリカ
監　督：アンドリュー・ニコル
キャスト：ニコラス・ケイジ、ジャレッド・レト、他
配　給：ギャガ・コミュニケーションズ

写真：Album/アフロ

STORY
ロード・オブ・ウォー

両親が経営する飲食店の手伝いをしているウクライナ移民のユーリー（ニコラス・ケイジ）は、ロシアン・マフィアの銃撃戦を目撃したことをキッカケに武器売買ビジネスに飛び込む。世界の武器商人として天賦の才を発揮するユーリーは、インターポール捜査官ヴァレンタイン（イーサン・ホーク）に目をつけられつつも、順調に事業を拡大していく。

M16にはマガジン交換時に押す特殊なボタンがある?

弾倉交換後に押すとボルトが前進する

　アメリカの軍隊が息長く採用してきているM16シリーズは、1950年代に故ユージン・ストーナーが開発した合成樹脂製の、軽量で命中率の高いアサルト・ライフルです。近距離射撃が多くなる市街戦や特殊部隊の隠密作戦ために、銃身を少し短くしたカービン・モデルのM4も軍に採用されています。使用弾は5.56×45mm（口径×薬莢の長さ）で、垂直の箱形弾倉（ボックス・マガジン）には20発、少しカーブした箱形弾倉には30発入ります。

　射撃までの手順は、以下のとおりです。まずタマを込めた弾倉を機関部の下からセットし、機関部のまうしろに付いているT字型のチャージング・ハンドルに指を2本引っかけて後方へ引き、放します。初弾が薬室（チェンバー）に押し込まれ、ボルトで栓（蓋）をされます。このとき、空薬莢をはじき出す口を覆っていたダスト・カバー（塵よけカバー）も開きます。機関部の左サイドには指1本で操作できる小さなレバーが付いているので、これを操作して全自動（フル・オートマチック）（3点射（バースト））／半自動（セミ・オートマチック）のどちらかを選択し、引き金を引きます。

　20発、ないし30発を撃ち終わると、M16ではボルトが後退したまま止まってしまうので、弾倉が空になったことがわかるようになっています。オートマチック・ピストルのスライド・ストップと同じです（88ページ参照）。そこで、タマを込めた新しい弾倉をセットします。さらにタマを薬室へ送り込まなければいけませんが、その役目を果たすボルトは後退したままです。もう一度チャージング・ハンドルを引きなおしてもよいのですが、もっとかんたんな方法があります。"特殊なボタン"を押すのです。

　このボタンは機関部の左サイドに付いていて、「ボルト・キャッチ」というものです。M16の操作マニュアルでは、弾倉交換持に左の手のひらでそのボタンを確実にたたくよう指導されています。これでボルトが前進し、タマが薬室へ押し込まれるのです。

M16系ライフルのマガジン交換の手順

①

タマの入った箱形弾倉を左手に持ち。

②

銃本体に挿入する。

③

ダスト・カバーは開いた状態。

④

チャージング・ハンドルを2本の指で引き、放す。

④'

またはボルト・キャッチを押すとボルトが前進する。

⑤

初弾が装填され、ボルトが前進する。

Heat

　監督マイケル・マンのこだわりで、銃撃音はすべて実銃の音を録音して使用。それもあって劇中の銃撃シーン、特にロスでの市街戦のリアルさはハンパじゃない。M16ファミリーも登場し、弾倉交換時にマガジン・キャッチをたたくシーンも見られる。

ヒート

製　作：1995年 アメリカ
監　督：マイケル・マン
キャスト：アル・パチーノ、ロバート・デ・ニーロ、他
配　給：ワーナー・ブラザーズ、日本ヘラルド映画

写真：Moviestore Collection/AFLO

STORY
ヒート

マイケル・マン監督のTVムービー「メイド・イン・L.A.」のリメイク。犯罪のプロ、マッコーリー（デ・ニーロ）は、仲間と共に現金輸送車を襲い高額な有価証券を奪う。彼らを追うロス市警のハナ（パチーノ）。マッコーリーが最後の仕事と決めた銀行強盗のタレ込みを受けたハナたちが駆けつけ、双方が激突、壮絶な銃撃戦が始まる！

ブルパップはふつうのライフルとどう違う?

ストックに機関部を収めて全長を短くする工夫

　ブルパップという言葉の意味は、「ブルドッグの子犬」です。どうしてそう呼ばれるようになったのか、よくわかっていません。とにかく、ふつうは用心金(トリガーガード)の前方にセットする箱形弾倉(ボックス・マガジン)を用心金の後方にセットするアサルト・ライフルが、ブルパップ・ライフルと呼ばれています。当然機関部も用心金の後方、頬と肩に当てる銃床のなかにおさめることになります。なぜそんな設計にしたかというと、銃の全長を短くできるからです。

　昔のボルト・アクション・ライフルは、全長が1.2mほどもありましたが、ブルパップにすると4、50cmも短くなります。兵士にしてみれば取り回しが楽で、携行もしやすくなります。全長を短くしても、銃身の長さまで短くするわけではないので、射程や命中率が犠牲になることはありません。

　ただし、いくつか短所もあります。機関部が耳のそばにくるので、撃発の音で聴覚に悪影響をおよぼす可能性があるし、空薬莢が飛び出す口が右側にあると、銃床を左肩に当てて撃ったとき顔を直撃されかねないし、前後の照準器の距離が短くなってしまうので、照準が少し付けにくくなります。

　ブルパップを早期に設計して試作したのは英国で、1951年にはEM-2というライフルを軍が採用しようとしましたが、口径7mmの使用弾が問題となって結局陽の目をみることはありませんでした。21世紀にはオーストリアのAUG、ベルギーのF2000、フランスのFA-MAS、英国のL85A1、中国の95式、イスラエルのタボールなどが有名で、ブルパップの短所を補う工夫をしているモデルもあります。たとえばAUGは照準の問題を補うために、携帯するときの把手も兼ねる1.5倍の細いスコープを標準で装備しました。F2000は空薬莢が前方の銃口のそばで飛び出すよう工夫しています。

機関部の位置の違い

M16A2

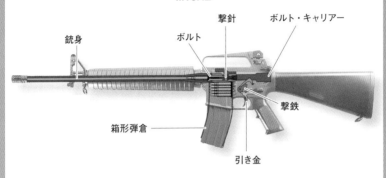

撃針
ボルト
ボルト・キャリアー
銃身
撃鉄
箱形弾倉
引き金

ステアー AUG（ブルパップ・ライフル）

ボルト・キャリアー
銃身
ボルト
撃針
撃鉄
引き金
箱形弾倉

ブルパップ・ライフルは機関部（ボルトと撃鉄など）が図のように後方にあるため、銃身（オレンジ部分）を短くしなくても銃全長を短くできるのがメリットである。

スコープは銃の上に付けるのに なぜ狙ったところに当たるのか?

着弾点とスコープの十字線の中心が合うように調整するから

スコープを載せて狙えば当たるわけではなく、狙ったところに当たるよう調整するから当たるのです。その調整作業のことを、「ボア・サイティング」といいます。構造、機構上からもいちばん的に当てやすいといわれているのはボルト・アクション・ライフルで、狩猟、狙撃、競技などでスコープを載せることが多いのもこのライフルです。

スコープを載せたボルト・アクション・ライフルの場合、ボア・サイティングはつぎのようにおこないます。まず、薬室の背後にある円筒形の鉄の塊であるボルトをライフルから抜き取ります。銃身後尾から銃口までが空洞になって見えるようになるので、銃口から先が的と一直線で結ばれるようライフルの位置をきめ、銃が動かないようにします。つぎにスコープの十字線の中心が狙った的と一致するよう、スコープに付いているつまみをまわして調整します。

これでスコープがきちんと取り付けられたことがいちおう確認できます。でも、この作業だけで百発百中になるわけではありません。さらに、試射によって「零点規正(ゼロイン)」という作業をする必要が出てくることもあります。狙う距離や風向きやタマの種類などを考慮した調整をやらなければならないからです。

ボア・サイティングは、ボルト・アクション・ライフルのようにボルトを抜き取らなくても、専用の器具を使ってできます。ひとつは「コリメーター」で、もうひとつは「レーザー・ボア・サイター」です。コリメーターは半分に切断したスコープのような形の器具で、金属のガイド棒、または磁石が付属しています。ガイド棒を銃口にさしむか、銃口を磁石にくっつけて使います。レーザー・ボア・サイターは、空薬莢の形をしたものを薬室に装填してレーザー光線を銃口から照射するもの、ガイド棒を銃口にさしこんでレーザー光線を照射するものがあります。的に浮かんだ赤い点を見て、スコープを調整します。

ボア・サイティング

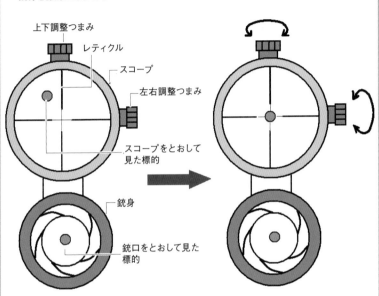

銃身を標的にあわせる

上下調整つまみ

レティクル

スコープ

左右調整つまみ

スコープをとおして
見た標的

銃身

銃口をとおして見た
標的

スコープを標的にあわせる

ボア・サイティングされた状態

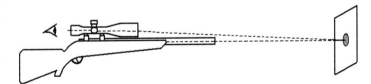

ボア・サイティングによってスコープは基本的に正し
く取り付けられたことになる。しかし、使用する弾
薬や標的との距離、風の影響など射撃時の状況に
合わせ、さらに調整（ゼロイン）しなくてはならない。

スコープに付いているつまみは
どういうときに使うのか?

着弾点の上下・左右を調整する

　スコープには、たいていつまみがふたつ以上ついています。ひとつは着弾点の上下のズレを調整するつまみで、スコープの上部に付いています。「①エレベーション・ノブ（ターレット、アジャスター）」と呼ばれます。もうひとつは着弾点の左右のズレを調整するつまみで、スコープの右サイドに付いています。「②ウィンデージ・ノブ（同）」と呼ばれます。つまみがふたつしか付いていないスコープも多いですが、距離に応じてピントを合わせるつまみが本体の左サイドに付いているものもあります。このつまみは、「③サイド・フォーカス」と呼ばれます。

　①と②のつまみは、「零点規正（ゼロイン）」という照準調整をおこなうときにも利用します。撃ち出された弾丸はかならず落下しますし、横に流れます。それで、着弾点を視認できる比較的近い距離から試射してみて、ズレを修正しておくのです。①のつまみも②のつまみも、「カリ、カリ」と音を出してまわるようになっていて、その音が1回すれば「1クリック」で、多くの場合ズレを約$\frac{1}{4}$インチ（約6.3mm）修正できるようになっています。上下左右にどれだけ着弾がズレているかを見て判断し、つまみを時計回りか反時計回りに「カリ、カリ」とまわしていきます。

　狩猟ではあまり遠い距離から射撃することはありませんが、狙撃や競技では500〜1000mという距離からの射撃もありえます。そのような場合は、まず精度のよいタマを選び、そのデータを記した「バリスティック・チャート」を手に入れ、距離による弾丸の落下量、風による横流れ量、銃口を出たときの初速などを数式にあてはめ、ズレを修正するクリック数を計算で割り出します。そして、つまみを何度かカリカリまわして照準を合わせたら、③のつまみで的にピントを合わせ、引き金を引くのです。

スコープ（望遠照準器）とゼロイン

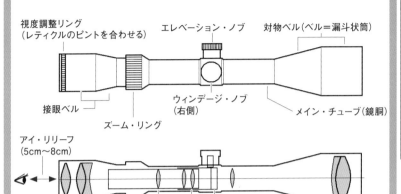

視度調整リング
（レティクルのピントを合わせる）

エレベーション・ノブ

対物ベル（ベル＝漏斗状筒）

接眼ベル

ズーム・リング

ウィンデージ・ノブ
（右側）

メイン・チューブ（鏡胴）

アイ・リリーフ
（5cm〜8cm）

接眼レンズ

正立レンズ

レティクル

対物レンズ

上に着弾する場合

「DOWN」の方向に回す。弾が当たる場所を「下げる」というそのままの意味だ。

下に着弾する場合

「UP」の方向に回す。これも、着弾点を「上げる」という意味。

左に着弾する場合

「R」と書かれている矢印の方向へ回す。着弾点を右へ動かすと理解すればよい。

右に着弾する場合

「L」と書かれている矢印の方向へ回す。着弾点を左へ動かすと理解すればよい。

ドット・サイトとはなにか？
レーザー・サイトとはなにが違う？

浮かび上がった点を狙うか、照射した点を狙うか

　ドットとは「点」のことです。だからかんたんにいえば、「レンズの表面に浮かぶ“点”を標的に合わせる照準器」がドット・サイトです。

　いっぽうレーザー・サイトとは、「標的にレーザー光線を照射する照準器」ということになります。もっとも、明るいところでは照射される光線は見えず、光線の先が当たったところにスポット（大きめの点）が浮かぶだけです。

　ドット・サイトは“ダット・サイト”ともいうし、赤い点が多いことから“レッド・ドット・サイト”ともいいます。無倍率＝等倍のため長距離には向かないし、着弾点と光点を合わせるため微調整が必要となりますが、すばやい照準ができます。バッテリーとともに内蔵されたLEDの光を、特定の波長の光を反射するハーフミラーというレンズに投影し、その反射光を見て照準します。

　スコープのような筒型のチューブ式と、むき出しになったレンズに点を映すオープン式の二種類があります。ドット・サイトの製造メーカーはスウェーデンのエイムポイント社が有名で、ドット・サイトをもう少し複雑な構造にして耐久性を高めた「ホロサイト」はアメリカのEOTech社が製造し、軍用に多く採用されています。

　レーザー・サイトは、レーザー光線のすぐれた指向性や収束性を利用して、的に赤または緑のスポットを浮かびあがらせます。それで照準器をのぞき込む必要がなく、スポットが見えている個所を狙って弾丸を撃ち込むことができます。

　ひと昔まえは少しかさばるものでしたが、アメリカのクリムソン・トレース社が改良して、オートマチック・ピストルのフレームに付けるレーザー・ポインター、リボルバーおよびピストルのグリップに仕込むレーザーグリップなどの商品を製造、販売しています。

ドット・サイトとレーザー・サイト

Aimpoint／株式会社ノーベルアームズ

アメリカ軍兵士が絶対的な信頼をもって装備しているエイムポイント社製のドット・サイト。

ドット・サイトのしくみ

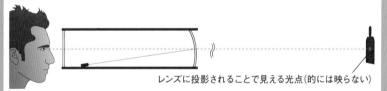

レンズに投影されることで見える光点(的には映らない)

レーザー・サイト

ターゲットにレーザーが当たって光る点(的に映る)

The Terminator

ターミネーター

製　　作：1984年アメリカ
監　　督：ジェームズ・キャメロン
キャスト：アーノルド・シュワルツェネッガー、リンダ・ハミルトン、他
配　　給：オライオン・ピクチャーズ、ワーナー・ブラザーズ

　　"銃オタク"で知られているジェームス・キャメロンの作品だけに小道具である銃に注目するとよりいっそう楽しめる。ターミネーターが構えるレーザー・サイトを搭載した"ハードボーラー・ロングスライド"を見ても監督のこだわりを感じる。

写真：Album/アフロ

STORY
ターミネーター

1984年L.A.市街。2029年から現代に送り込まれた刺客 "ターミネーター"(アーノルド・シュワルツェネッガー) が女学生サラ・コナー (リンダ・ハミルトン)の命をつけ狙う。窮地のサラを助けたのは、ターミネーターと同じく未来からやって来た青年カイル。カイルとサラは無敵の殺人機械ターミネーターから必死の逃避行を続ける。

大口径の対戦車ライフルなどの先に付いている扇形のパーツはなに？

発射ガスを拡散させ、反動を軽減する

50口径（直径0.50インチ＝12.7mm）という大口径の弾丸を撃ち出す銃は、ブラウニングM2マシンガン（機関銃）が有名ですが、もっと正確な狙いがつけられるオートライフルにもそのタマ（50BMG）を使用するモデルがあります。半自動ライフルかボルト・アクション・ライフルで、遠距離狙撃や戦車などの対物射撃に使われます。

バレットM82A2やシュタイアー（ステアー）M50HS、マクミランTAC-50などが有名ですが、こうしたタイプのライフルには、銃口に大きなパーツが装着してあるのがふつうです。これはマズル・ブレーキ（銃口制退器）といい、銃口から出る発射ガスを拡散させるためのものです。バレットのものは上から見ると扇の形や車の初心者マークの形をしていて、左右に窓のような穴が複数カットされています。

薬莢の長さが10cmもある巨大なタマの火薬燃焼エネルギーは半端でなく、銃口から弾丸を押し出した反動も強烈なものになります。それで、少しでもその反動を軽減し、命中率をあげるため、銃口から出る発射ガスを上や横に拡散させて後方にかかる圧力を減らすのです。ですが、半自動とボルト・アクションの両方の大口径ライフルを造っているバレット社では、反動を軽減しすぎると作動に支障が出る半自動ライフル（M82A2）と、その制約のないボルト・アクション・ライフル（M99）でマズル・ブレーキの大きさと形状を変えてあります。

やはり銃口に取り付けるものに、コンペンセイターやフラッシュハイダーというものがあります。コンペンセイターはマズル・ブレーキと同じ働きをしますが、おもに拳銃に取り付けられます。フラッシュハイダーは、銃口から出る発射炎を抑えるためのものですが、形状や穴の位置の工夫などで複数の働きを兼ねることもあります。

バレットM82A2とマズル・ブレーキ

口径：50BMG（12.7×99mm）
作動：ショートリコイル、回転式ボルト
全長：144.8cm
銃身長：73.3cm
重量：12.9kg
装弾数：10発
最大射程：1800m

発射ガスを斜め後方に
拡散する。

大口径ライフル用のいろいろな形のマズル・ブレーキ

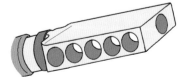

アサルト・ウェポンと
アサルト・ライフルのちがいとは？

アサルト・ウェポンとは、元来広義の政治用語

　アサルト・ライフルの定義はとてもはっきりしていますが、アサルト・ウェポンの定義はじつにまちまちです。何十年も銃関係の書籍の編集をしている人が"軍用"の小火器について解説した本には『Assault Weapons』というタイトルが付いているのに、ネットのWikipedia（英語版）ではアサルト・ウェポンの定義がアメリカの州によって異なるなどと書いてあります。直訳すると「突撃用武器」なので、軍用銃を想起してもおかしくないかもしれません。しかし、この言葉は1988年にジョッシュ・シュガーマンという銃規制活動家が著作のなかではじめて使ったもので、それが1994年民主党クリントン政権のときに成立した10年の時限立法「連邦アサルト・ウェポン禁止法（Federal Assault Weapon Ban）」で使われ、広く知られるようになりました。

　その法律によると、アサルト・ウェポンとは、「脱着可能な多弾数を装填できる弾倉を使用し、セミ・オートマチックで撃つことができ、ピストル・グリップを備え、銃床を伸縮式または折りたたみ式に改造でき、サイレンサーや銃剣などが装着可能な銃……などなど」のことです。州によって、ある種のショットガン、ピストルも含みます。

　いっぽうアサルト・ライフルの定義は、「歩兵がひとりで運用できる、フル・オートマチックとセミ・オートマチックの切り替えができる、5.56ミリ弾など小口径高速弾を使用する、脱着可能な弾倉装弾数は20〜30発、肩当て銃床とはべつにピストル・グリップがついている」など、8つくらいの特徴をそなえている"ライフル"のことです。

　名前の由来は、ドイツ語のSturmgewehr（シュトゥルムゲヴェーア）からです。第二次大戦中ドイツで開発されたライフルで、この銃がお手本となってM16やAK-47が開発され、ドイツ語を英語に訳したアサルト・ライフル、日本語に訳せば、突撃銃となりました。

アサルト・ライフル、日本語に訳せば、突撃銃

AK-47　アサルト・ライフル

シュトゥルムゲヴェーア（StG44）

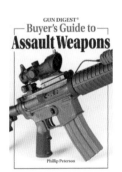
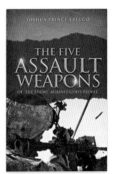
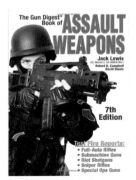

アサルト・ウェポンの専門書各種

COLUMN

映画と銃③
「ポリス・アクション映画で活躍する名銃たち」

ジャケットの下のショルダー・ホルスターに収められたリボルバー…。誰もが一度は憧れた、市民を守る正義の味方!!

作品名 名銃を扱う俳優	この名銃に注目	銃器露出度	リアル度	マニア度	作品情報
アンタッチャブル アンディー・ガルシア	S&W M10 ミリタリー& ポリス	★★★ ★☆	★★★ ☆☆	★★★ ★☆	製作年：1987 製作国：アメリカ 監督：ブライアン・デ・パルマ
L.A.コンフィデンシャル ラッセル・クロウ	コルト ディテクティブ スペシャル	★★★ ☆☆	★★★ ★☆	★★★ ☆☆	製作年：1997 製作国：アメリカ 監督：カーティス・ハンソン
ザ・センチネル/陰謀の星条旗 マイケル・ダグラス	SIG P226	★★★ ★☆	★★★ ☆☆	★★★ ☆☆	製作年：2006 製作国：アメリカ 監督：クラーク・ジョンソン
16ブロック ブルース・ウィリス	S&W M60	★★★ ★☆	★★★ ★☆	★★★ ★☆	製作年：2006 製作国：アメリカ 監督：リチャード・ドナー
スズメバチ ナディア・ファレス	FA-MAS	★★★ ☆☆	★★★ ☆☆	★★★ ☆☆	製作年：2002 製作国：フランス 監督：フローラン・エミリオ・シリ
ダーティハリー4 クリント・イーストウッド	44オートマグ	★★★ ★☆	★★★ ★☆	★★★ ☆☆	製作年：1983 製作国：アメリカ 監督：クリント・イーストウッド
ダイ・ハード ブルース・ウィリス	ベレッタ M92F	★★★ ★☆	★★★ ★☆	★★★ ★☆	製作年：1988 製作国：アメリカ 監督：ジョン・マクティアナン
ビバリーヒルズ・コップ2 エディー・マーフィー	ブラウニング・ ハイパワー	★★★ ☆☆	★★★ ☆☆	★★★ ★☆	製作年：1987 製作国：アメリカ 監督：トニー・スコット
もっともあぶない刑事 舘ひろし	S&W M586	★★★ ☆☆	★★★ ★☆	★★★ ★☆	製作年：1989 製作国：日本 監督：村川透
リーサル・ウェポン メル・ギブソン	ベレッタ M92F	★★★ ☆☆	★★★ ☆☆	★★★ ☆☆	製作年：1987 製作国：アメリカ 監督：リチャード・ドナー

★銃器露出度……作中での銃の登場頻度
★リアル度……ガン・アクションが現実的に表現されているか
★マニア度……監督、演出家、出演者などの銃へのこだわり

第四章

マシンガン&
サブマシンガン編
MACHINE GUN & SUBMACHINE GUN

マシンガンとサブマシンガンは
なにが違う？

銃の大きさだけではなく、使用弾薬も違う

　マシンガン（機関銃）もサブマシンガン（短機関銃）も、一度引き金を引けばタマが尽きるまで撃ちつづけられる全自動（フル・オートマチック）の機能をもっています。両者とも、1発ずつ狙いを定めて撃てるよう半自動射撃（セミ・オートマチック）を選択できるモデルもあります。両者の決定的な違いは、使用するタマの違いです。

　マシンガンは、火薬量が多くてエネルギーの高いライフル弾を使います。当然射程も長くなるし、破壊力も大きくなります。いっぽうサブマシンガンは、薬莢が短くて火薬もさほど詰められない拳銃弾を使います。具体的にいうと、9mm弾、または45口径（11.43mm）弾のどちらかです。ただし、実用的な防弾ヴェストが普及してきて、サブマシンガンは上記の拳銃弾以外の専用弾を使うようになってきました。

　たとえば、P90というベルギー製のサブマシンガンは、5.7×28mmというライフル弾と似た尖頭弾（弾丸先端が尖っている）を使います。また、MP7というドイツ製のサブマシンガンは、やはり弾丸先端の尖った4.6×30mmというタマを使用します。×のうしろの数字は薬莢の長さを表しますが、マシンガンで使われるライフル弾は5.56×45mmだったり、7.62×39mmだったり、7.62×51mmだったりします。どれもライフル弾のほうが薬莢が長く、それだけ火薬の量も多くなっています。ちなみに45口径弾は、ひと昔まえに開発されたトンプソン・サブマシンガン（トミーガン）とグリース・ガン、20世紀末にドイツが開発したUMP45、21世紀に開発されたユニークなクリス・ヴェクター・サブマシンガンにしか使われていません。

　マシンガンは箱形弾倉でなく、メタル・リンクという金属製の環と爪でいくらでもタマをつなげられる弾薬帯を使うことが多いのも、サブマシンガンとの大きな違いです。

マシンガンとサブマシンガン

マシンガン

▎M60

1957年に開発され、アメリカ軍に制式採用された。全長
110.5cm、使用弾薬は7.62×51mm、重量は10.5kg。ヴェ
トナム戦争で大々的に使用された。

サブマシンガン

▎H&K MP7

ドイツで2001年に開発された。防弾ヴェストに対しても
有効な4.6×30mmの尖頭弾を使用する。全長41.5cm(ス
トック伸縮時)、重量1.9kgと小型軽量。

▎FN P90

ベルギーで1991年に開発された独特な形状のサブマ
シンガン。こちらもMP 7同様、防弾ヴェストに対して
有効な尖頭弾を使用する。全長50cm、重量は2.54kg。

サブマシンガンとマシン・ピストルの違いは?

近いけれど違う、短機関銃と機関拳銃

拳銃弾を全自動（フル・オートマチック）で撃てる銃の開発にはやくから積極的に取り組んだのは、ドイツです。ドイツは、そのような銃をマシーネン・ピストーレ（MP）と呼びました。シュマイザーという銃器設計家が開発したMP18などです。英語に訳せば、マシン・ピストルです。その後、アメリカのトンプソンが1919年に45口径の拳銃弾を全自動で撃てる銃を開発し、これをサブマシンガンと呼びました。

呼び方が違うだけで同じようなものに思えますが、古くはマウザー・ミリタリー（C96 ／ M712）、第二次大戦後のステッチキン（APS）、近年ではグロック18など、オートマチック・ピストルの外観はそのままにして全自動機能をくわえたものと、PPSh41やMP5など、はじめから肩当て銃床付きのショルダー・ウェポンとして開発されたものの2タイプに分けられます。そういう観点から、前者をマシン・ピストル、後者をサブマシンガンとする分類のしかたもあり、日本語ではマシン・ピストルを「機関拳銃」と表し、サブマシンガンを「短機関銃」と表したりします。

違いはさらに使用するタマにも現れるかもしれません。マシン・ピストルが、使用するタマは、ほとんどが通常弾というごくふつうの拳銃弾です。対して、サブマシンガンが使用するタマは、ときとして火薬の量を1 〜 2割ふやした"強装弾（＋P弾）"を使うことを奨励されたりします。ピストル・タイプとくらべて本体がより大きいし、銃床を肩に当てて銃をしっかり保持しながら撃てるからです。

どちらと呼んでいいかわからない変わり種は、アメリカのマグプル社が21世紀に製造した「FMG-9」というモデルでしょう。折りたたむと小型ノート・パソコンのような形になりますが、なかには全自動のピストル（グロック18の機関部）が入っているのです。

サブマシンガン(PPSh41)とマシン・ピストル(マウザー M712)

セレクター・レバー

マガジン・キャッチ

ペペシャー
PPSh41
口径：7.62mm
全長：84.1cm
重量：3.6kg
装弾数：71発(円形弾倉)
発射速度：900発／分

マウザー M712
口径：7.63mm
全長：28cm
重量：1.1kg
装弾数：20発(脱着式弾倉)
発射速度：900発／分

マグプル社のFMG-9

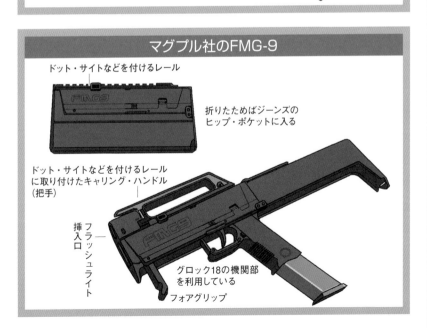

ドット・サイトなどを付けるレール

折りたためばジーンズの
ヒップ・ポケットに入る

ドット・サイトなどを付けるレール
に取り付けたキャリング・ハンドル
(把手)

フラッシュライト
挿入口

グロック18の機関部
を利用している

フォアグリップ

マシンガンとフルオートのライフルはどこが違う?

似た性質ながら異なる開発史と運用思想をもつ

「全自動でライフル弾を連射できる小火器」という機能面からの定義では、マシンガン（機関銃）もフルオート・ライフル＝アサルト・ライフルも同じかもしれません。でも、開発の歴史と運用思想をひもといてみると、まったくちがうことがわかります。

マシンガンは、連続して弾丸を撃ち出し、弾幕を張って敵の横隊進撃を阻むおもに防御用の火器として開発されました。重い三脚に載せた遠距離用の固定式で、これが19世紀末から実用化が進んだヘビー・マシンガン（重機関銃）です。

戦闘にたいへん効果があるとわかると、もう少し機動性をもたせて動きやすくなるように軽量化が図られ、ライト・マシンガン（軽機関銃）が造られ、さらには運用に幅をもたせて多目的に使えるジェネラル・パーパス・マシンガン（汎用機関銃）に発展していきました。最後に開発されたのが、ひとりで携行できるよう銃をさらに小型にして、10人前後の分隊を警護して作戦行動を支援するための分隊支援火器（SAW）でした。

いっぽう全自動のライフルは、第二次大戦時に兵士の主力武器であったボルト・アクション・ライフルとサブマシンガン（短機関銃）の両方の特徴を兼ね備えた中間的な武器で、ライフル弾を連射できる歩兵用武器として開発されました。

その結果、個人で携行できる分隊支援火器とアサルト・ライフルの区別が付きにくくなりましたが、双方には大きな違いがふたつあります。SAWはマシンガンから発展したもので、連射によって高温になる銃身をかんたんに交換できる設計になっていますが、アサルト・ライフルは"ライフル"なのでそれができる設計になっていません。また、マシンガンやSAWはメタル・リンク（金属の環と爪）でつなげた長い弾薬帯を使うことができますが、ライフルは通常2、30発入りの箱形弾倉しか使いません。

マシンガンとライフルの発達過程

マシンガン

ヘビー・マシンガン

高速連射で弾幕を張り、敵の進撃を阻むおもに防御用の火器として開発され、19世紀から実用化が進んだ。

ライト・マシンガン

マシンガンの効果が大きいことが注目され、おもに防御用だったヘビー・マシンガンを軽量化し機動性をもたせたもの。

ジェネラル・パーパス・マシンガン

ライト・マシンガンをさらに広範囲に使えるように改良したもの。汎用機関銃。

分隊支援火器(SAW)

ジェネラル・パーパス・マシンガンをさらに小型化し、より扱いやすくしたもの。

ライフル

ボルト・アクション・ライフル

薬室を開閉するボルトという部品を手動で前後に操作することで、弾薬の装填と排出をおこなう連発式ライフル。

オートマチック・ライフル

弾薬の装填と排出が自動でおこなわれる。引き金を引くだけで連射が可能になった。始めに半自動式が、のちに全自動式が開発された。

アサルト・ライフル

小口径だがエネルギーの高い弾薬を使用する。射手が全自動、半自動を切り替えることができる。

アメリカ軍が使用するM240汎用機関銃の銃身交換の様子。銃身交換が容易にできるかできないかが、マシンガンとフルオート・ライフルの違いのひとつだ。

マシンガンの動力源はなに?

基本は火薬の力だが、ユニークな電動モーター式もある

　マシンガン（機関銃）は、エネルギーの高いライフル弾を全自動（フル・オートマチック）で発射できる武器です。引き金を引いて弾丸が発射されると、薬室（チェンバー）に栓（蓋）をしていたボルトという部品が後退し、後退途中で空薬莢を外に出してから撃鉄（ハンマー）を起こし、後退しきってばねで戻るとき新しいタマを薬室へ押し込み、タマの底の点火装置（雷管）（プライマー）を撃針に打たせてふたたび弾丸を発射する、というサイクルを人間の手をいっさい借りずにくり返します。

　それを可能にする動力源は、マシンガンの場合ふたつです。①運動の法則による反作用（反動）（リコイル）と、②火薬が燃えて出る発射ガスそのものです。①は、拳銃のショート・リコイル方式（80ページ参照）と少し違うやり方で反動を利用して、ボルトを後退させます。マシンガンは拳銃よりずっと大きく、なかの構造も違うからです。②は、アサルト・ライフルの作動方式ガスオペ（122ページ参照）とまったく同じやり方でボルトを後退させます。

　人力を使わないこうしたマシンガンを最初に考案したのは、アメリカ人のハイラム・マキシムで、19世紀末にV字型に折れる継ぎ手を機関部に組み込んで、連射を成功させました。熱くなる銃身は、水を入れた太い筒で覆って冷やしました。それから約10年後には、ジョン・ブラウニングが発射ガスで動くレバーを介して連射をおこなうマシンガン（M1895）を造りました。こちらは空冷式でした。

　さらに①の方法を改良して成功したのが、やはりブラウニング（M1917など）、そして第二次大戦当時のドイツ（MG34とMG42）です。でも、両方とも古くなって、しだいに②の方法が主流となり、銃身の冷却も重量と嵩が増す水冷式でなく交換を容易にした空冷式になりました。ユニークなのは、大昔の手動式ガトリングガンの形をそのまま踏襲したミニガンで、多銃身を高速回転させる動力源には電気モーターを使っています。

マシンガンの構造

マキシムの反動利用水冷式マシンガン

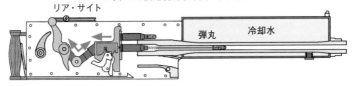

リア・サイト

弾丸　　冷却水

ブラウニングのガス利用式マシンガンM1895

発射ガス　　　　　　　　　　　引き金

複数の銃身を電気モーターで回転させて連射するミニガン（写真はトイガン）。

　アメリカ軍の特殊部隊だけに主人公たちの装備は凄い。特に印象的なのはスキンヘッドのマック軍曹が装備しているミニガン。ジャングルの中で見えない敵に向かい連射、弾切れになっても虚しく銃身部分が回り続けるシーンは有名。銃身を回転させているのが弾薬の燃焼エネルギーではなく、電気モーターであることがわかる。

プレデター

製　　作：1987年　アメリカ
監　　督：ジョン・マクティアナン
キャスト：アーノルド・シュワルツェネッガー、カール・ウェザース、他
発 売 元 ：20世紀フォックス ホーム エンターテイメント

写真：Moviestore Collection／AFLO

STORY
プレデター

捕虜となった政府要人の救出作戦で、南米のジャングルに赴いたシェイファー（アーノルド・シュワルツェネッガー）率いるコマンド部隊。捕虜奪還に成功した彼らだったが、ジャングルで突如見えない敵の襲撃に遭う。瞬時に襲われた後には惨殺体が残るだけというあまりに残忍な殺戮…。見えない敵相手に決死の攻防が始まった！

マシンガンの弾倉の形や取り付け方がいろいろあるのはなぜ？

タマを大量に、正確に発射できるようにさまざまなものが考案

　サブマシンガン（短機関銃）まで含めると、たしかにマシンガン（機関銃）の弾倉にはいろいろ種類があります。セットする位置もさまざまです。形としては、箱形（垂直、湾曲）、円筒形、円盤形、蝸牛形、容器形、金属環による弾薬帯など。セットする位置では、機関部の上下左右のいずれか。ただし、サブマシンガンにベルト給弾式はありません。

　マシンガンは全自動（フル・オートマチック）でなるべく多くの弾丸を撃ち出すことが求められるので、タマを横並びにつなげれば無限にもなれるベルト給弾が理想的に思えますが、長く撃ちつづけると銃身が加熱して破損、変形する恐れがあります。それで、機種によってほかの方法も考えられ、二脚を接地させて使うときのためより多くのタマを込められる湾曲した箱形（例：ソ連のRPK）、機関部の上に載せる円盤形（例：英国のルイス）、機関部の下にセットする円筒形（例：アメリカのトンプソン）などが考えられたりしました。

　箱形弾倉を機関部の上からさし込むタイプは、銃を低くセットしても地面に当たらないだけでなく、重力の助けも借りてタマが上から下へ支障なく降りてくることを期待したものです（例：デンマークのマドセン）。垂直または湾曲箱形弾倉を、銃のおもに左サイドに水平にセットするタイプは、サブマシンガンだけに見られます（例：ドイツのMP18や英国のステン）。蝸牛形は、タマ数を稼ぐため箱形弾倉に円筒弾倉をつないだもの（計25〜32発）ですが、バランスの問題もあって使用したのはドイツだけでした。

　マシンガンの特徴をいちばん発揮できるベルト給弾式は、開発当初のマキシム機関銃のように長いキャンヴァス布に弾薬をさし込むループを多数付けた帯を使いました。のちには金属の環＋爪で数珠つなぎ（メタル・リンク）にするようになり、さらに弾丸を発射したあと環が分離するものと、一定の長さまで分離しないものに分かれました。

マシンガンの弾倉

ボックス・マガジン
アメリカ軍が制式採用しているM249ミニミの箱形弾倉

Cマグ
G36アサルト・ライフルの円筒形弾倉を左右にふたつつなげた独特なマガジン。

2種類のメタル・リンク

分離式
写真のような小さなパーツで弾薬をつなげるタイプ。発射後、空薬莢とともにこの小さなパーツひとつひとつもマシンガンから排出される。

非分離式
分離式ではないため、発射後もマシンガンから帯状に垂れ下がる。

現在は重機関銃や軽機関銃の すみ分けがない?

「SAW」「LSW」などとも呼ばれる

いわゆる重機関銃は全長が約1.2m、重量が約20kgあります。熱くなる銃身を冷やすために水を使う水冷式だと、約30kgの重さになります。架台に載せないと安定した射撃ができないので、同じくらいの重さの三脚が必要です。合わせて40kg～60kgにもなり、それだけ重いものを動かすのはたいへんで機動性に欠けます。

それで、連射能力や殺傷力はそのままに、もう少し運搬が楽にでき、敵を迎え撃つためだけに使うのではなく、自ら攻撃にうって出るときにも使えるよう軽量化を図ったのが、軽機関銃です。「重い三脚ではなく銃身前方に付けた二脚を使うのが軽機関銃」という説明もありますが、運用方法もいろいろなのではっきりした定義はあってないに等しいのが実情です。国によっても運用方法は異なる歴史をもっています。

いろいろな用途で使うことを考えるようになると、車両や戦車や航空機や舟艇に搭載するようにもなりました。また、小隊や分隊単位に1挺所持させて、敵への制圧射撃にも利用されました。このような用途で使われたのが軽機関銃でしたが、多目的に使えるので"汎用機関銃"(GPMG)とも呼ばれるようになりました。

ただし、その言葉が軍事用語として確立されたわけではありません。製造メーカーのコンセプトによっても呼び方がちがってきたりします。たとえば、ベルギーのファブリック・ナショナル(FN)社が設計、製造したミニミ(フランス語のMini-mitrailleuse「小型機関銃」を縮めた単語)は、たとえ汎用機関銃として使える軽機関銃であっても、メーカーは「分隊支援火器(SAW)」として開発したといっています。ほかにも、ライト・サポート・ウェポン(LSW)などという言葉もあり、マシンガンの分類はすみ分けがなくなったというより、混在しているといったほうがいいかもしれません。

MG42汎用機関銃

口径：7.92×57mm
全長：1.22m
重量：11.5kg
装弾数：∞発
発射速度：1200発／分
銃身交換式

フィーディング・カバー

リコイル・ブースター

コッキング・ハンドル

マシンガンの分類チャート

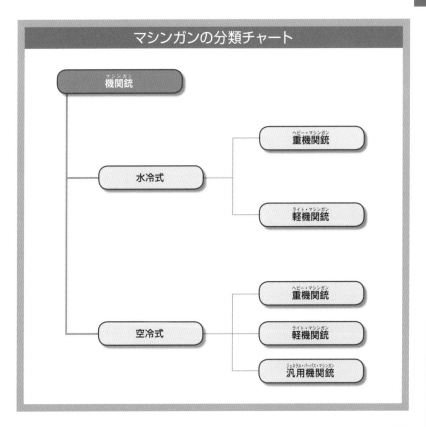

機関銃（マシンガン）

水冷式
　重機関銃（ヘビー・マシンガン）
　軽機関銃（ライト・マシンガン）

空冷式
　重機関銃（ヘビー・マシンガン）
　軽機関銃（ライト・マシンガン）
　汎用機関銃（ジェネラル・パーパス・マシンガン）

銃身を覆う**ジャケット**には なぜ**穴**があいている?

マシンガンの重要課題——銃身をどう冷やすか

　全自動射撃（フル・オートマチック）ができるサブマシンガン（短機関銃）、マシンガン（機関銃）のなかには、火薬が燃えた熱や弾丸の摩擦熱で熱くなる銃身を穴あきの金属筒で覆っているものがあります。20世紀初期に設計、製造されたドイツのサブマシンガン、MP18や、同じころ設計、製造されたマシンガン、ブラウニングM1919A4などがその例です。

　もともとマシンガンは大量の弾丸を連射する火器なので、熱さで変形する恐れのある銃身をどうやって冷やすかが大問題でした。最初は水で冷やすことが考えられ、銃身を太い筒で包み、そのなかに水を入れて循環させました。ですが、マシンガンを設置した戦場に補充用の水があるとはかぎらず、昔は兵士が小便で銃身を冷やすことまでやったそうです。

　それで、つぎには空冷式がいろいろと試されました。フランスのホチキスというマシンガンでは、銃身の根元付近に「ディスク（円盤）」を5枚ほどならべて嵌め込みました。バイクなどの空冷エンジンのフィンと同じで、放熱板（ヒートシンク）として機能させようとしたものです。ホチキスのディスクは厚めのものでしたが、初期のトンプソン・サブマシンガンや日本の九二式重機関銃では銃身全体を薄いフィンで覆っていました。

　もうひとつ試されたのが、冒頭の穴あき金属筒です。これは空気を強制的に対流させて銃身を冷やそうとしたもので、穴から入った空気が通り道を求めてべつの穴へ流れるあいだの冷却効果を期待したものです。ドイツのマシンガンMG34も銃身をこの穴あき金属筒が覆っていましたが、後継機のMG42では穴が大きな長円形になったうえ、銃身がかんたんに交換できるようになりました。

　結局マシンガンの銃身は冷やし方に重点をおくより、肉厚にして放熱効果を高め、さらに400発くらいを目安として交換するという方法に落ちつくことになりました。

放熱のための工夫

ベルクマン MP18サブマシンガン

弾倉挿入口

ブラウニング M1919A4マシンガン

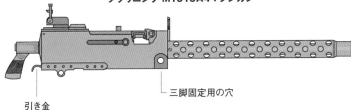

三脚固定用の穴

引き金

アメリカ海兵隊のヘリ（CH-53）に搭載されたM2マシンガン。1933年に採用されたM2マシンガンは、当初から穴があいた金属筒が装着されており、それは現在でも変わらない。

M2マシンガンの発砲手順は変わっている?

ハンドルを"2回"引き、"押し金"を押す

　M2マシンガン（機関銃）は、1917年にブラウニングが開発した30口径（7.62mm）の銃身水冷式モデルを改良発展させ、50口径（12.7mm）と大きくしたうえ空冷式にし、1933年にアメリカ軍に採用されたものです。現在でも車両や戦車や舟艇に搭載されて使われ、圧倒的といってもいいほどの重量感を誇っています。全長約1.6m、銃身長約1.1m、重量約38kgで、金属の環＋爪のリンクで数珠つなぎにした大きなタマを毎分500発撃ち出すことができます。作動は反動（リコイル）を利用する方式です。

　もちろん全自動（フル・オートマチック）で撃つことが前提ですが、半自動（セミ・オートマチック）で撃つこともでき、このマシンガンが"狙撃"に使われて成果を出したこともあります。とにかく大きく強力なので、機関部のなかにはバレル・エクステンション（銃身延長部）、ボルト、バレル・バッファー（銃身緩衝器）の三つが組み込まれ、発砲の衝撃を少しでも緩和する構造になっています。

　一見して引き金とわかるものはありません。発砲するには、まずフィード・カバーを引きあげ、左側にたれ下がるように弾薬帯（ベルト）を載せます（右側からも可能）。カバーを閉じてから、機関部右側面に付いているハンドルを力こぶをつくるようにして2回後方へ引きます。これで初弾が薬室（チェンバー）に押し込まれ、全自動で撃つ用意が整います。引き金はなく、機関部の後端左右に付いている木製グリップを両手で握り、そのあいだにある「ハ」の字形のパーツに両親指をかけて押します。これが引き金の役目をする「押し金」ともいうべきもので、押しつづければ弾丸を連射できます。

　半自動で撃つには、1発撃つごとにハの字形押し金のあいだにある半月形のボタンを操作しなければなりませんが、M2マシンガンの操作マニュアルには、「標的が1100m以上はなれているときには"単発（シングル・ショット）モード"が有効である」と書いてあります。

全長：1650mm
銃身長：1140mm
重量：38kg
発射速度：
　　450〜600発／分

M2マシンガンを構えるアメリカ海兵隊の兵士。M2は世界中の軍隊で使用されている。

ブラウニングM2マシンガンの発射方法

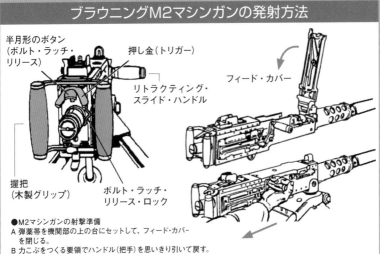

半月形のボタン
（ボルト・ラッチ・
リリース）

押し金（トリガー）

リトラクティング・
スライド・ハンドル

フィード・カバー

握把
（木製グリップ）

ボルト・ラッチ・
リリース・ロック

●M2マシンガンの射撃準備
A 弾薬帯を機関部の上の台にセットして、フィード・カバー
　を閉じる。
B 力こぶをつくる要領でハンドル（把手）を思いきり引いて戻す。
C ハンドルを引いて戻す工程をもう一度くり返す。

●全自動射撃
①射撃準備のAのあと、紫色の半月形のボタンを下に押し込んで、ボルトが機関部
　後方でロックされないようにしておく。
②射撃準備のBをおこなうと、弾薬帯がスライドして一発目が所定の位置にくる。
③射撃準備のCをおこなうと、弾薬帯からタマが引き抜かれて薬室に入り、ボルトが薬室を閉じる。
④「ハ」の字型の押し金を押す。

●半自動射撃
①射撃準備のAのあと、紫色の半月形のボタンが上がった状態のまま、Bをおこなう。
②弾薬帯がスライドして一発目が所定の位置にきたあと、ボルトが機関部後方でロックされるので、
　紫色の半月形のボタンを押してロックを解除する。
③射撃準備Cをおこなうと、ボルトが後退して、弾薬帯からタマが引き抜かれる。
④ロックされたボルトをもう一度解放して前進させ、タマを薬室に入れて閉じる。
⑤「ハ」の字型の押し金を押す。

Black Hawk Down

　銃弾飛び交う市街地に突入するハンヴィーに装着されたM2マシンガンを操る機関銃手は、必死に弾幕を張り続ける。威圧感がある重厚な発射音…、基本構造や性能面において未だにこの機関銃を超えるモノはない。

ブラックホーク・ダウン

製　作：2001年　アメリカ
監　督：リドリー・スコット
キャスト：ジョシュ・ハートネット、ユアン・マクレガー、他
配　給：コロンビア映画、東宝東和

写真：Album/アフロ

STORY
ブラックホーク・ダウン

1993年10月3日、東アフリカにあるソマリアの首都モガディシオに、約100名のアメリカ軍特殊部隊がヘリから舞い降りた。反和平勢力の要人拉致という彼らの任務は1時間足らずで終了するはずだったが、1機のブラックホーク・ヘリが撃墜されたことから、味方の救出作戦が発動。兵士たちは地獄のような市街戦に巻き込まれる。

トミーガン(トンプソン)はなぜ ギャングの定番武器なのか?

イタリアン・マフィアとFBIの派手な銃撃戦

銃のことを考えるとき、同じような連想はよくあります。AK-47は悪役の武器だとか、TEC-9はストリート・ギャング(チンピラ)の武器だとか、トカレフは日本のヤクザ御用達の拳銃だとか、グロックは空港の金属探知機に引っかからないテロリスト・ガンだとか、日本の九四式拳銃は自殺用ピストルだったとか。

どれも100%真実だとはいえません。なかにはまったくの誤解だったり、偏見だったりする連想もあります。トンプソン・サブマシンガン、俗称トミーガンにも"ギャングの定番武器"というイメージがついてまわっています。アメリカで1920年から33年まで施行された禁酒法時代を背景にした映画などの影響かもしれません。アル・カポネとFBIの派手な銃撃戦。トミーガンを乱射したシカゴでのセント・バレンタインデーの大虐殺。こうしたエピソードが、ハリウッド映画や小説で描かれてきました。

トンプソン・サブマシンガンは、20世紀初頭に弾丸のパワーを研究して45口径弾を軍に推奨したジョン・タリアフェロ・トンプソンが、退役してから設計、製造した銃です。造りの凝ったM1921が第一号で、改良されてM1928となりましたが、本人の願いもむなしく軍にはごく少数しか採用されませんでした。ところが、この高価なサブマシンガンに目をつけたのが当時のイタリアン・マフィアで、これで武装した彼らがこわいものなしのふるまいをしたため、対抗上FBIも入手して撃ち合いになったりしました。世の中が物騒になり、トミーガンは過剰な殺戮武器として世論までがこの銃を嫌悪したといいます。

やがて、第二次大戦がはじまる直前にトンプソンが死ぬと、大幅に改造して量産がきくようにしたモデルが軍に採用され、下士官の武器として大量に配備されました。結局トンプソンは、生前の願いが実現したことを知ることなく、自作の銃が犯罪の凶器として使われたことを嘆きながら他界したのでした。

映画『パブリック・エネミーズ』— Public Enemies —

写真：Everett Collection/アフロ

伝説の銀行強盗ジョン・デリンジャーたちが豪快にトンプソンを撃ちまくる。彼らを取り締まるFBI捜査官もトンプソンで応戦。捜査官役のクリスチャン・ベール曰く「火薬の味が舌でも感じられるくらいに射撃の練習をした」とのこと。

製作：2009年　アメリカ　　監督：マイケル・マン　　キャスト：ジョニー・デップ、クリスチャン・ベール、他
配給：ユニバーサル映画、東宝東和

STORY
パブリック・エネミーズ

大恐慌時代の1933年、銀行強盗のデリンジャーは、不況にあえぐ庶民たちのヒーロー的な存在だった。FBIは敏腕捜査官パーヴィスをシカゴに送り込み、デリンジャーを「パブリックエネミー（社会の敵）」として指名手配。ついに逮捕に成功するがデリンジャーはすぐに脱獄し、再び犯罪を繰り返す。

トンプソン・サブマシンガン M1928

銃身冷却用フィン
コッキング・ハンドル
コンペンセイター
フォア・グリップ
円筒形弾倉（50発、100発）

マックとか**テック**とか**ウジ**とかいう名前の**サブマシンガン**がある？

銃器メーカー名、開発者名が付いたサブマシンガン

少なくともアメリカでは軍に採用されなかったので、メーカーが付けた商品名として知られている名前です。日本でもMAC、TEC、UZIと表記されることが多く、MACはミリタリー・アーマメント・コーポレーションというメーカーの頭文字をつなげたもの、TECはイントラテックというメーカーの名前を縮めたもの、UZIはイスラエルの開発者ウジエル・ガルにちなんで付けられた名前です。

MACはゴードン・イングラムという人物が開発したサブマシンガンで、もともとイングラムM-10という名前でした。使用するタマによって3種類のモデルがあり、毎分1200発という驚くべき速さで連射できます。TECはもともとスウェーデン製のサブマシンガンでしたが、開発者ケルグレンがアメリカにわたり、全自動を半自動に変更することを余儀なくされたためサブマシンガンでなくなりました。でも全自動にかんたんに改造でき、犯罪に使われることが多くなって非難の的となり、その後改良してKG-9、KG-99と名前を変えましたが、結局悪いイメージは拭えませんでした。

UZIはウジー、ウージーとも表記されますが、イスラム国家と隣接しているイスラエルで第二次大戦後の1950年代に開発されたサブマシンガンです。銃に不馴れでも扱いやすい優秀な銃です。ミニ・ウジ、マイクロ・ウジという小型版も造られました。

このような全自動のサブマシンガンは民間で禁止されていると思われていますが、アメリカの連邦法は一律に禁止しているわけではありません。所持も射撃もできます。ただし、入手できるのは1986年5月以前に製造されたモデルに限られ、しかも半年近くかかる厳重な身元審査をパスしてはじめて連邦当局から許可が出ます。もっとも、それ以前に州や地方自治体が所有を禁じていることもあります。

映画『フォーリング・ダウン』 — *Falling Down* —

写真：Moviestore Collection/AFLO

作中で街のチンピラが使う銃がUZIやTEC-9だ。ひょんなことからこれらのサブマシンガンを手にした平凡なサラリーマンの主人公。溜まりに溜まったストレスを、「犯罪者の武器」のレッテルが貼られた銃で"発散"する!!

製作：1993年　アメリカ　　監督：ジョエル・シュマッカー
キャスト：マイケル・ダグラス、ロバート・デュヴァル、他　　配給：ワーナー・ブラザーズ

STORY
フォーリング・ダウン

真夏の太陽にさらされた灼熱のハイウェイで、道路工事による大渋滞が発生。これに巻き込まれたひとりの中年男性がついに車を乗り捨て歩き出した。コンビニで両替を断られたことをきっかけに彼の行動は暴力へと発展。ストレスを爆発させ、さらに過激に暴走していく。

UZI、イングラムは開発者の名前から付けられた例。スコーピオンは、折りたたみ式のストックを後ろから前に跳ね上げて収納する姿がサソリに似ていることから付けられた愛称だ。

Vz61 スコーピオン

UZI

イングラム M-10

UZIやMACは見た目がサブマシンガンらしくないが、撃ちにくくないのか?

工夫されたボルトの構造が良好なバランスを確保

　UZIとMACに共通しているのは、長い箱形弾倉(ボックス・マガジン)をピストルのようにグリップのなかに入れて使うことです。一般的には引き金の前方に弾倉をセットするものが多いので、いくら"弾丸ばらまき機"とはいえ銃が踊って的に当てるのがむずかしそうに見えてもおかしくありません。でも、内部構造を見るとそうでないことがわかります。

　UZIとMACには、「ラップアラウンド・ボルト」または「テレスコピック・ボルト」と呼ばれる大きめで重そうなボルトが入っています。"ラップアラウンド"というのは、「巻きつける」とか「取り巻いて覆いかぶさる」という意味です。右イラストのボルトと銃身の関係を見れば、その意味がわかるはずです。"テレスコピック"というのは、「伸縮自在の」とか「(望遠鏡の筒ような)入れ子式の」という意味です。

　ボルトが後退している状態からタマの入った弾倉をグリップから入れ、引き金を引くとボルトが前進して薬室にタマを押し込みます。と同時に、ボルト先端についた突起(固定されている撃針)がタマの底の点火装置(雷管(プライマー))を打って弾丸を発射します。そして、弾丸を押し出した発射ガスの吹き戻し圧力(ブローバック)によってボルトが後退し、あいた空間につぎのタマがもちあがってきます。ボルトは後退しきってからばねの力で前進し、引き金を引いたときと同じサイクルをくり返します。

　UZIもMACもほとんど同じ機構で作動しています。ボルトは銃身にかぶさって動き、銃の中心付近を往復するだけなので前後のバランスがあまり崩れません。しかも重いので、反動をかなり吸収してくれます。それでも射撃時のブレを軽減するため、折りたたみ式の肩当て銃床が付いています。UZIは最初木製の銃床でしたが、のちに金属の折りたたみ式になると携帯性が向上し、アメリカの大統領警護(シークレット・サービス)に採用されたほどです。

UZIサブマシンガンのラップアラウンド・ボルト

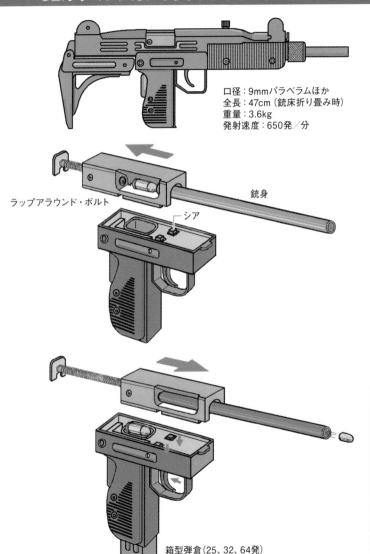

口径：9mmパラベラムほか
全長：47cm（銃床折り畳み時）
重量：3.6kg
発射速度：650発／分

ラップアラウンド・ボルト

銃身

シア

箱型弾倉（25、32、64発）

177

オープン・ボルト、クローズド・ボルトとはなんのこと?

薬室を開けた状態から発砲するか、閉じた状態から発砲するか

　この本の随所で言っているように、ボルトとは薬室(チェンバー)に栓（蓋）をする金属の塊のことです。形は銃によって違いますが、円筒形や直方体が主です。中央にはタマの底の点火装置(雷管)(プライマー)を打つ撃針が入っています。薬室に入ったタマを押さえておいて、撃針でタマの底を突けば雷管が撃発し、薬莢のなかの火薬に点火して弾丸が発射されるのです。

　オープン・ボルト(オープン)というのは、ボルトが薬室に栓をしないで開いている状態をさします。弾倉(マガジン)はセットされていて、この状態から引き金を引けば、ボルトが前進してタマを薬室に押し込み、と同時に撃針が雷管を打って弾丸を発射します。これが、オープン・ボルト式の機構です。引き金を引くと、細い撃針でなく質量のあるボルトが動くので、銃に震動が伝わりやすく、精密射撃には向きません。

　いっぽうクローズド・ボルト(クローズド)というのは、ボルトが薬室に栓をして閉じた状態をさします。タマがすでに薬室に入っている状態から引き金を引けば、ボルト中央をとおっている細い撃針だけが前身し、雷管を突いて弾丸を発射します。つまり、銃のなかで動くものが小さく、しかも運動量も少ないので、標的に命中する確率が高くなります。

　一般に、標的への命中に期待をかける拳銃とライフルはクローズド・ボルト式で、弾丸を数多くばらまくことがおもな役目であるサブマシンガン（短機関銃）、マシンガン（機関銃）はオープン・ボルト式が多くなっています。とくにサブマシンガンは、開発当初使い捨て武器のように位置づけられ、一時はできるだけかんたんな構造で大量生産できるよう設計されました。それで、たとえば撃針にもばねを付けなければならないクローズド・ボルト式でなく、部品数をひとつでも減らせるオープン・ボルト式が多かったのです。でも、近年は使用目的も変化し、クローズド・ボルト式も選択されるようになりました。

オープン・ボルト式の機構

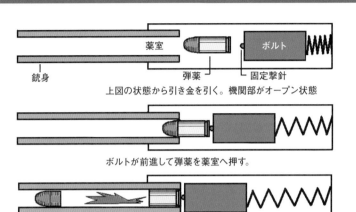

薬室
銃身
弾薬
固定撃針
ボルト

上図の状態から引き金を引く。機関部がオープン状態

ボルトが前進して弾薬を薬室へ押す。

ボルトが弾薬を薬室に押し込んだと同時に撃発

オープン・ボルト状態の"イングラムM-11"。写真の状態が発射スタンバイである（写真はモデルガン）。

　主人公を支えるトリニティーによるマイクロ・ウジの"二丁拳銃"ならぬ"二丁サブマシンガン"。クランクイン前に射撃訓練等を十分に行って本番にのぞんだとのこと。撃ちにくそうに見えるマイクロ・ウジは、実は独特のボルトのおかげで撃ちやすいのだが、さすがに両手撃ちは？

マトリックス

製　　作：1999年　アメリカ
監　　督：ウォシャウスキー兄弟
キャスト：キアヌ・リーブス、キャリー＝アン・モス、他
配　　給：ワーナー・ブラザーズ

写真：Everett Collection／アフロ

STORY
マトリックス

凄腕ハッカーのネオ（キアヌ・リーブス）は、不思議なメッセージに導かれ、正体不明の美女トリニティーとその仲間たちに出会う。彼らがネオに告げた驚愕の真実——それは、現実と思っているこの世界はコンピュータが創造した仮想世界だということだった。そして、予言はなされる。ネオこそが荒廃した現実世界の救世主だと！

なぜ世界の警察はMP5という サブマシンガンを装備することが多いのか?

ドイツで生まれた命中率のよいサブマシンガン

アサルト・ライフルの出現により、サブマシンガン（短機関銃）は担う役割がちがってきて、戦場で弾丸をばらまくより屋内や機内といったようなせまい空間でテロリストや乗っ取り犯を制圧するために使われるようになりました。ライフルよりずっと小型なので取り回しがきき、携帯性にもすぐれ、拳銃弾使用なので巻き添え被害を出しにくいという長所が見直されたからです。第二次大戦が終わったあと冷戦時代に入って、当時国を分断されていた西ドイツでそのような武器が求められたのが発端です。

そこでヘッケラー＆コック社が開発に乗りだし、1960年代に要求を満たす銃、MP5サブマシンガンを開発しました。世界へのデビューは、1977年の10月のことです。ソマリアのモガディシオ空港でルフトハンザ航空機が4人のパレスチナ人テロリストにハイジャックされたとき、世界が注目するなかMP5を装備した国境警備隊（GSG-9）の隊員たちがわずか5分で機内を制圧し、人質90人を全員無事に解放したのです。

のちに、このMP5は全長70cm弱、重量3kg弱、9mm拳銃弾を毎分800発で連射する性能をもち、全自動（フル・オートマチック）でありながらクローズド・ボルト式で、反動がマイルドなローラー・ロッキングという作動方式を採用していることが明らかになりました。ローラー・ロッキングというのは、薬室（チェンバー）に栓（蓋）をするボルト左右に回転式のローラーを組み込み、弾丸を発射したガスの吹き戻し圧力（ブローバック）でボルトが後退するのを一瞬阻止してから、回転するローラーでボルトのロックを解くやり方です。後方への強い衝撃が和らげられるので、クローズド・ボルト式とあわせてさらに命中率によい影響を及ぼします。

一躍脚光を浴びたMP5は、以後100種以上のモデルが造られ、世界中に広がりましたが、精密な構造のため単価が高く、採用したのはほとんどが警察などの法執行機関です。

H&K MP5　サブマシンガンの機関部

ボルト・ヘッド・キャリアー
リコイル・スプリング
ローラー
撃鉄
撃針
シア
セレクター・レバー
リリース・レバー
引き金

H&K
MP5K

H&K
MP5A5

上記の他に固定ストック付きのMP5A4
など数多くのバリエーションがある。

183

サブマシンガンには
ユニークなモデルが多い?

折りたたみ式やスーツケース内蔵型など多彩

　第二次大戦後に、世界中の法執行機関が評価して採用したドイツの
サブマシンガン（短機関銃）MP5は、1960年代に開発されました。評
価があまりにも高かったので、ほかに開発されたサブマシンガンの陰
が薄くなった感がありますが、独自のユニークな長所をもったサブマ
シンガンもありました。

　ロシアはMP5の開発を横目に見ながら、ロシア独特の9×18mm弾
を使うコンパクトなケダールを冷戦時代に試作、威力が足りないとみ
るとパワーを少し強めたタマを使う改良版のクリン、1990年代にな
るとタマを64発収納できる螺旋給弾式弾倉を銃身の下に取り付ける
ビゾン（バイソン）などをつぎつぎに開発しました。

　螺旋給弾式弾倉はビゾンより前にアメリカのキャリコ社が開発し、
小さな22LR弾を100発収納するモデルに搭載していましたが、9mm
弾を収納できるモデルは1980年代末に登場しました。22LR弾を176
発も円盤形弾倉に収納できるアメリカン180は1970年代に開発され、
おもに刑務所で暴動、脱獄を防ぐため看守たちに支給されていました。
のちにロシアやアメリカのマグプル社でまねされたサブマシンガン、
アレスＦＭＧは、折りたたむと小型ノート・パソコンそっくりにな
る変わり種でした。

　ドイツのヘッケラー＆コック社も、スーツケースのなかにMP5を
仕込んだHKコッファーというモデルを開発しています。把手に引き
金が仕込んであって、スーツケースをもったままMP5の弾丸を発射
できるものです。21世紀はじめには、薬室に栓（蓋）をするボルトの
水平運動を上下運動に変換する機構によって、45口径弾の大きな反
動を60％、銃口の跳ねあがりを90％も軽減できると謳ったユニーク
なクリス・ヴェクター・サブマシンガンを、アメリカとスイスのメー
カーが共同で開発しました。

ロシアのサブマシンガンとユニークなサブマシンガン

ケダール／クリン・サブマシンガン

ケダールは9×18PM弾
クリンは強装弾9×18PMM弾
を使用

ビゾン・サブマシンガン

ヘリカル・フィード・マガジン
(螺旋給弾式弾倉)を採用

クリス・ヴェクター・サブマシンガン

引き金

ボルト　スライダー

🔷 空薬莢

COLUMN

映画と銃④ 「SF映画で活躍する名銃たち」

ビームを発射する光線銃…、プラズマを放射するプラズマガン…。しかし、戦う地球人が手にするのはやっぱり古典的な銃だ!!

作品名 名銃を扱う俳優	この名銃に注目	銃器露出度	リアル度	マニア度	作品情報
アンダーワールド: エボリューション ケイト・ベッキンセイル	H&K MP7	★★★ ☆☆	★★★ ☆☆	★★★ ★☆	製作年：2006 製作国：アメリカ 監督：レン・ワイズマン
トゥモロー・ワールド クライヴ・オーウェン	XM8	★★★ ☆☆	★★★ ★★	★★★ ★☆	製作年：2006 製作国：イギリス、アメリカ 監督：アルフォンソ・キュアロン
エイリアン2 シガニー・ウィーバー	H&K VP70	★★☆ ☆☆	★★★ ☆☆	★★★ ☆☆	製作年：1986 製作国：アメリカ 監督：ジェームズ・キャメロン
G.I.ジョー チャニング・テイタム	FN ファイブ・ セブン	★★★ ☆☆	★★★ ★☆	★★★ ☆☆	製作年：2009 製作国：アメリカ 監督：スティーヴン・ソマーズ
DOOM ザ・ロック	H&K USP Match	★★★ ☆☆	★★★ ☆☆	★★★ ★☆	製作年：2005 製作国：アメリカ 監督：アンジェイ・バートコウィアク
エレクトラ ジェニファー・ガーナー	H&K MP5K	★★★ ☆☆	★★★ ★☆	★★★ ☆☆	製作年：2005 製作国：アメリカ 監督：ロブ・ボウマン
シルバーホーク ミシェール・ヨー	SVIインフィ ニティ	★★★ ☆☆	★★★ ★☆	★★★ ★☆	製作年：2004 製作国：香港 監督：ジングル・マー
リベリオン クリスチャン・ベール	ベネリM3	★★★ ★☆	★★★ ★☆	★★★ ★☆	製作年：2002 製作国：アメリカ 監督：カート・ウィマー
ローレライ ピエール瀧	南部十四年 式拳銃	★★★ ☆☆	★★★ ☆☆	★★★ ★☆	製作年：2005 製作国：日本 監督：樋口真嗣
ロボコップ ピーター・ウェラー	オート9 (ベレッタ M93R)	★★★ ☆☆	★★★ ★☆	★★★ ☆☆	製作年：1987 製作国：アメリカ 監督：ポール・バーホーベン

★銃器露出度……作中での銃の登場頻度
★リアル度 ……ガン・アクションが現実的に表現されているか
★マニア度 ……監督、演出家、出演者などの銃へのこだわり

第五章

ショットガン編

SHOTGUN

ショットガンはクレー射撃や鳥撃ちだけでなく戦闘にも使われる?

初めて戦場に持ち込んだのはアメリカ人

　ショットガン（散弾銃）は、もともと鳥撃ち用に発明されたものです。16世紀にはじめて造られたとき、「ファウリング・ピース」（野鳥狩りの銃）と呼ばれていたことからもわかります。ショットガン射撃は、貴族など身分の高い男たちがスポーツとして楽しむ時代が長くつづきました。先込め式から元込め式になってからは、銃身が横に2本ならんでいる「水平二連中折れ式」というショットガンになり、2発撃ったら銃を「へ」の字型に折って、銃身後尾を露出させ、つぎの射撃に備える操作をするようになりました。タマ数がもっと多い連発式にならなかったのは、猟鳥があくまでスポーツで、2発で仕留められなかったら飛び去った鳥の勝ち、という暗黙のルールが重んじられていたからです。

　紳士のスポーツのルールを崩し、特権階級の楽しみでなくしたのは、ヨーロッパからアメリカへ渡った人たちです。食料調達の狩猟や護身のために使ったのです。ショットガンは庶民へも普及して、南北戦争でも対人用武器として使われました。そして19世紀の終わり近く、鳥撃ちスポーツ用でない連発式のポンプ・アクション（＝トロンボーン・アクション＝スライド・アクション）式というショットガンが開発されました。

　1本の銃身の下にチューブを付けて筒形弾倉とし、そこに木製の可動式被筒を被せ、引いたり押したり（スライドさせる）して弾倉に入っているショットガン用のタマ（装弾）を薬室に送ったり、空薬莢を捨てたりするようにしたものです。この連発式ショットガンは第一次大戦にも持ち込まれ、"トレンチ（塹壕）ガン"の異名を取りました。第二次大戦でも太平洋戦線のジャングルで威力を発揮し、ショットガンは軍用としての地位を確立しました。天才銃器設計家のブラウニングがオートマチックのショットガンを開発してからは、全自動の軍用ショットガンまで造られるようになりました。

戦闘用ショットガン

ウィンチェスター M1897

第一次大戦で"トレンチガン"の異名をとったアメリカ軍のポンプ・アクション式ショットガン。

イサカ M37

M37は1937年の開発以来、信頼性の高いショットガンとして長くアメリカ軍や警察に使われた。

フランキ SPAS-12

軍用に造られたオートマチック・ショットガン。
ポンプ・アクションに切り替えることもできる。

多数の弾丸を撃ち出す銃では**ショットガン**と**サブマシンガン**のどちらが有効か？

ショットガンは近距離で、サブマシンガンは中距離で有効

　対人用に使われるショットガン（散弾銃）の散弾は、一粒の直径が約8.4mmです。一回引き金を引けば、この丸い弾が少なくとも9粒いっぺんに発射されます。間をおかずに連発すれば、計18粒、27粒、36粒、45粒…という数になっていきます。いっぽう、サブマシンガンは9mm拳銃弾を使うものが多く、全自動（フル・オートマチック）では毎分500発から800発平均で発射されます。単純計算で、1秒に8.3発から13.3発です。

　数字上では似たり寄ったりに思えて、大差ないように見えるかもしれません。でも、これにはほかの要素がまったく考慮されていません。どちらが有効かは、状況によっても違ってくるので、以下のようなデータをとりあえず参考にするしかありません。

・12番装弾：初速396m/秒、銃口エネルギー 27.6kgm、有効射程約30m。

・9mm拳銃弾：初速335m/秒、銃口エネルギー 46.9kgm、有効射程約50m。

　ショットガンはもともと猟鳥用で、その射撃はヨーロッパ社会で特権階級のスポーツでした。戦闘で対人用に使うなど想定していなかったのです。いっぽう、祖国を逃れてアメリカへ渡った人たちはおもに貧しい庶民で、射撃が下手でも粒弾をいっぺんに多数撃ち出して当たりやすいショットガンは食糧確保の頼りになる道具だったのです。また、ときには先住民の襲撃や開拓民のなかの無法者から身を守る身近な護身用武器にもなりました。

　つまり、ヨーロッパでは多弾数を連射できるサブマシンガンが発達し、拳銃弾を使っていわば中距離での戦闘に使いました。対してアメリカでは、独立以来伝統的にショットガンが日常生活に入り込んでいたので、戦闘でもそれを活用することに違和感がなく、狩猟用の長い銃身を扱いやすいよう短くして、いわば近距離で使ったのです。

ショットガン

近距離で広範囲を一度に攻撃できる。ヨーロッパでは猟鳥用だったがアメリカでは対人用としても使われた。

モスバーグM500

サブマシンガン

多弾数を連射でき、中距離に強い。9mm拳銃弾を使用することが多く、ヨーロッパで発達した。

MP40

映画『ゲッタウェイ』 ── *The Getaway* ──

写真：Album/アフロ

車をかっ飛ばし、手にはコルト・ガバメント、そしてショットガンを撃ちまくる…ガン・アクション映画のすべてが凝縮されている傑作。サム・ペキンパー監督とマックイーンという、もう実現できない最強タッグの作品だ。

製作：1972年 アメリカ　監督：サム・ペキンパー　キャスト：スティーブ・マックイーン、アリ・マッグロー、他　配給：ワーナー・ブラザーズ

STORY
ゲッタウェイ

刑務所からの出所と引き換えに、取引相手の要求で妻と共に銀行強盗に手を染めるドク。企ては成功するが、二人は途中で裏切ったルディ、警察、取引相手の弟の三者に追われる羽目になる。テキサス州のホテルで、壮絶な銃撃戦の幕が開く。

ショットガンにはどんな種類がある?

現在ではおもに7種類

　散弾をまとめて薬莢に入れた装弾（ショットシェル）を、銃身後尾から装填するようになってから、ショットガン（散弾銃）は水平二連中折れ式、上下二連中折れ式、ポンプ・アクション（＝トロンボーン・アクション＝スライド・アクション）式、ボルト・アクション式、レバー・アクション式、半自動式（セミ・オートマチック）、全自動式（フル・オートマチック）の7種類になりました。操作のしかたの違いだけでなく、それぞれ用途も違います。水平二連式はおもに狩猟用、上下二連式はおもに競技用、ポンプ式はおもに対人制圧用、といったぐあいです。ボルト式とレバー式は廃れる傾向にあり、半自動式はおもに競技と戦闘用、全自動式は戦闘用に限定されます。

　水平二連式は量産されなくなり、造るメーカーも減ってきました。上下二連式を製造しているメーカーはヨーロッパに多く、メルケル、ベレッタ、ペラッツィ、ケメンなどの老舗は高級志向で、とくに機関部に彫刻が入ったモデルはとんでもなく高価です。

　ポンプ式は開発地のアメリカで人気も需要も高く、モスバーグ、レミントン、ウィンチェスター、イサカなどのメーカーが造っています。半自動式はヨーロッパとアメリカのメーカー両方が市場に出ていますが、イタリアのメーカー、ベネリ社は反動を利用した独特の「イナーシャ（慣性）・ドリブン」という機構を開発し、おもに火薬の発射ガスを利用するアメリカのメーカーと差別化を図って成功しています。

　手動のポンプ式と半自動式を組み合わせて戦闘用としたモデルもあり、イタリアのフランキ社が1980年代に開発して話題になりました。こうして、ショットガンにはスポーツ、競技用と対人、対物の軍用というはっきりしたすみ分けができるようになりました。

　半自動でも12連発という多弾数を誇るもの、発射ガス利用でも火薬量の違う装弾を支障なく撃てるもの、20発収納の円形弾倉から全自動で連射できるものなどもあります。

現在のショットガンの種類

ショットガン

- ボルト・アクション
- レバー・アクション
- 水平二連(サイド・バイ・サイド)
- 上下二連(オーバー／アンダー)
- 半自動
- ポンプ(スライド)・アクション
- 全自動

廃れる傾向
狩猟用
競技用
対人用・戦闘用

スポーツ競技の"クレー射撃"で使用される上下二連式散弾銃。

ショットガンのタマには
どんな種類がある?

ゴムやコルク、催涙ガス入りなど多種多様

　ショットガン（散弾銃）は、当たれば死ぬもの、当たっても死なないものなどじつにさまざまな弾頭を撃ち出すことができます。そういう弾頭を、プラスティックや紙でできた口紅容器のような形の薬莢に包んで入れてあるのが、「装弾」と呼ばれるものです。

　いちばん一般的なのは、丸い球弾を入れた装弾です。その球弾はおもに鉛の合金製で、散弾といい、大きさや入っている数は用途によってさまざまです。鳥撃ち用なら小さな球弾が数百発、鹿くらいの大きさの動物や対人用なら直径9mmほどの球弾が10発内外入っています。引き金を引いて発砲すると、その散弾がいっぺんに出て飛び散ります。

　でも、たとえば警察が犯罪者を傷つけずにとらえたい場合もあり、そういうときには薬莢のなかにゴム、コルク、岩塩、お手玉、催涙ガスなどを入れた装弾を使います。また、クマなど大型の動物が標的だったり、頑丈なドアを破りたいときなどには薬莢に大きな一粒弾を入れた装弾を使うことがあります。ショットガンの銃身内側には旋条という溝が彫られていないため、その一粒弾自体に旋条が切られているものもあり、それは「ライフルド・スラッグ」と呼ばれています。

　プラスティックの薄い容器に砂時計形の一粒弾や、命中すると外側に広がるよう先端に切れ目がある一粒弾を入れた装弾は「サボ・スラッグ」といって、銃身内側に旋条を彫ってあるショットガンで使用します（日本では銃身の1/2しか旋条を彫ることを許されていない）。ふつうは有効射程が3、40mくらいのショットガンでも、旋条があれば距離が3倍も延びます。"サボ"というのは「木靴」という意味ですが、ようするに包む容器のことで、ダーツ（矢）を何本かサボのなかに入れた「フレシェット弾」という装弾もあります。それぞれによって火薬の種類と量が違ってくるのはいうまでもありません。

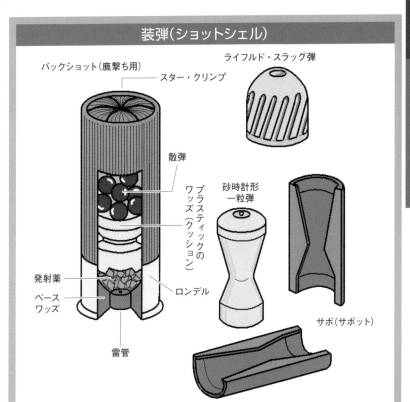

装弾(ショットシェル)

バックショット(鹿撃ち用)

スター・クリンプ

ライフルド・スラッグ弾

散弾

プラスティックの ワッズ (クッション)

発射薬

ベース ワッズ

ロンデル

雷管

砂時計形 一粒弾

サボ(サボット)

様々な形状のスラッグ弾

捕らえた獲物の体内から取り出したスラッグ弾(写真下)

ショットガンにはどんな口径がある?

イギリスはボア、アメリカはゲージ、日本では番(径)と表記

　ショットガン（散弾銃）は、拳銃やライフルとタマがまるで違うので、銃口の直径を測って口径を言い表しません。昔の決めごとに従って、切りのよい重さの球弾が銃口にはまるかどうかを基準にしています。つまり、重さ1ポンドの球弾がはまる銃口を1とし、1/2ポンドなら2、1/3ポンドなら3……1/10ポンドなら10とし、その単位を英国ではbore（ボア）、アメリカではgauge（ゲージ）、日本では「番（径）」で表しています。現在では、10番（19.5mm）、12番（18mm）、16番（16.8mm）、20番（16mm）の4種類で、さらにひとつだけ例外があり、内径が0.410インチ（10.4mm）のものは410番となっています。

　薬莢はプラスティックか紙でできていて、通常丸い散弾、その散弾を押し出すワッズ（送り）、火薬、点火装置（雷管）がなかに仕込まれています。火薬との仕切りの役目もはたすワッズは昔フェルト製だったりしましたが、現在は薄いプラスティックの皿やカップ状のものもあり、効率よく散弾を撃ち出せるようクッション性が高められています。

　散弾には、鹿撃ち用（バックショット）と鳥撃ち用（バードショット）の2種類があります。当然、鹿撃ち用の球弾のほうが大きく、大きさは7種類あり、1個の直径は約6mmから9mmまでです。いちばん大きいのは000で、よく使われるのは00と呼ばれるものです。薬莢に数発から数十発入っています。鳥撃ち用は数百発も入れることがあるので、直径は1.25mmから5.59mmまでです。よく目や耳にする「12番のダブルオー・バック」というのは、12番口径で、散弾サイズはダブルオーの鹿撃ち用、ということです。

　ショットガンの弾薬、装弾にも「マグナム弾」があり、薬莢の長さが3インチあって散弾の数が多めであるもののことです。

ショットガンの内径と散弾のサイズ表（実寸）

ショットガンの内径（番径）

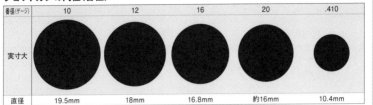

番径（ゲージ）	10	12	16	20	.410
実寸大					
直径	19.5mm	18mm	16.8mm	約16mm	10.4mm

散弾の直径と号数【バックショット】

号数	No.000	No.00	No.0	No.1	No.2	No.3	No.4
実寸大							
直径	9.14mm	8.38mm	8.13mm	7.62mm	6.86mm	6.35mm	6.10mm

散弾の直径と号数【バードショット】

号数	F	T	BBB	BB	1	2	3	4	5	6	7	7½	8	8½	9	12
実寸大																
直径	5.59mm	5.08mm	4.83mm	4.57mm	4.06mm	3.81mm	3.56mm	3.30mm	3.05mm	2.79mm	2.54mm	2.41mm	2.29mm	2.16mm	2.03mm	1.25mm

クレー射撃用の12番の装弾。クレー射撃では鳥撃ち用と同じ、7 ½ 号（2.41mm）の散弾を使う。

アメリカの警察がパトカーに積んでいるショットガンがポンプ式なのはなぜ？

種類が違うタマを確実に給弾＆排莢するポンプ式

　ポンプ・アクション式というのは、銃身の下にチューブを付けて筒形弾倉とし、そこに木製の可動式被筒を被せ、引いたり押したりして発砲の操作をするやり方です。そういうショットガン（散弾銃）がアメリカのパトカーに積んである理由は、比較的単純です。二連式と違って2発以上連発ができるし、いっぺんに散弾をばらまくので相手が大勢でも引けを取りません。

　また、ショットガンは、いろいろな種類の弾頭を撃ち出せるのが大きな特徴です。拳銃やライフルは大きさや種類が違う弾丸を同じ銃で撃ち出すことなどできません。そして、警官は制圧しなければならなくても殺傷したくない者を相手にすることがあります。そんな場合、金属の散弾ではなく非致死性のゴム弾やお手玉弾などが有効になりますが、そのような装弾に入っている火薬は少なめだし、メーカーによって量が違ったりします。反動や発射ガスを利用する自動式だと、きちんと作動しないで作動不良をおこしかねません。

　ですが、手動操作なら、よけいな心配をしないで確実に薬室へ装弾の出し入れができます。1発目にゴム弾、2発目に催涙ガス弾、3発目以降に散弾などと火薬の量が違う装弾を混在させておいても問題ありません。

　それで、アメリカの警察は昔からレミントン社のM870というポンプ・アクション・ショットガンをパトカーに載せていることが多いのですが、イタリアのベネリ社が開発したイナーシャ式の半自動ショットガンを採用するところも多くなりました。イナーシャ式は発射ガスを使わず、慣性を利用して機関部のなかに仕込んだ太いばねで銃を作動させます。おかげで内部がよごれず、手入れが楽だし、速射にすぐれているので、ポンプ式とイナーシャ式を併用している警察もあります。

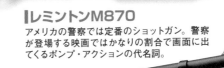

┃レミントンM870

アメリカの警察では定番のショットガン。警察が登場する映画ではかなりの割合で画面に出てくるポンプ・アクションの代名詞。

┃ベネリM3 SUPER90

慣性を利用した特殊なセミ・オートマチック機構（イナーシャ式）とポンプ・アクションの両方を備えたショットガン。

映画『マイアミ・バイス』 — *Miami Vice* —

写真：Album/アフロ

大ヒットしたTV版では特捜課のソニー・クロケットとリカルド・タブスは拳銃をメインに使用していたが、映画版ではH&K G36や、ベネリM4なども登場してTV版以上に迫力ある銃撃シーンが話題になった。

製作：2006年　アメリカ　　監督：マイケル・マン　　キャスト：コリン・ファレル、ジェイミー・フォックス、他
配給：ユニバーサル、UIP

STORY
マイアミ・バイス

マイアミ警察特捜課（マイアミ・バイス）の刑事コンビ、クロケットとタブスは、性格は正反対だが仕事では抜群のチームワークを見せていた。ある日、FBIの潜入捜査官二人が囮捜査中に殺される。FBIはクロケットとタブスに、生還の可能性がゼロに近い危険な捜査を要請する。

ショットガンの弾倉はどこにある?

ポンプ式は銃身下部、このほか着脱式の箱形もある

　銃身が2本、水平や上下にならんだショットガン（散弾銃）に弾倉はありません。銃身後尾の薬室（チェンバー）に1発ずつ、合計2発入れればおしまいです。ポンプ・アクション式と半自動式（セミ・オートマチック）は、銃身の下に取り付けた筒（チューブ）を弾倉（マガジン）にしています。19世紀後期にアメリカで開発されたレバー・アクション・ライフルと同じです。

　ショットガンのタマは装弾といい、口紅容器に似ていて、先が尖っていないので、筒のなかに縦一列にならべておいても先端が前の装弾の雷管（プライマー）を突いて暴発する心配がありません。それに、銃身の下なら場所も取りません。でも、アメリカのパトカーに積んであるレミントンM870ショットガンは、通常その弾倉に込められるタマは3発で、二連式より1発多いだけなため、"延長チューブ"というものを取り付けることができます。そうすると、たとえば18インチ（約460mm）の短めの銃身でも、装弾を7発込められるようになります。たんなる机上の計算ですが、1発に散弾が9粒入っていたとして、×7発＝63発の球弾を発射できる勘定になります。

　コンバット・ショットガンともアサルト・ショットガンとも呼ばれることのある全自動（フル・オートマチック）のモデルは、アサルト・ライフルと同じように脱着可能（デタッチャブル）な箱形弾倉（ボックス・マガジン）を使用します。イタリアのフランキ社のスパス15やロシアのサイガ12などの弾倉には12番の装弾を7、8発込められ、空になればライフルと同じく予備の弾倉とすぐ交換できます。

　円形弾倉（ドラム・マガジン）を装着可能にしているコンバット・ショットガンもあり、アチソンAA-12やUSAS-12などは、やはり12番の装弾を20発込められます。同じ円形弾倉でも変わり種は、南アフリカで開発されてアメリカでストリートスウィーパー（通りの掃除屋）の異名を取るショットガンで、リボルバーと同じ回転弾倉（8発）になっています。

スパス12の弾倉と給弾

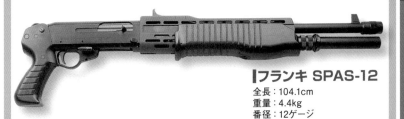

▌フランキ SPAS-12
全長：104.1cm
重量：4.4kg
番径：12ゲージ
装弾数：8発

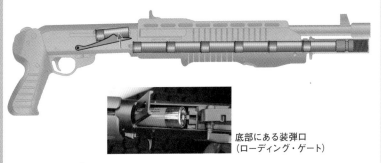

底部にある装弾口
（ローディング・ゲート）

アッチソンAA-12

フル・オートマチックで発射が可能。「AA」とはオート・アサルトの頭文字。

チョークとはなにか?

散弾の散らばりを調整する銃口の仕掛け

　ショットガン（散弾銃）は、本来複数の散弾をいっぺんに撃ち出すことを目的に造られた銃です。そのため、弾丸に回転を与えてまっすぐ飛ばすため銃身内側に彫られる旋条（ライフリング）という溝は必要ありません。ショットガンの銃身は「滑腔銃身（スムースボア）」といって、内側がつるつるですが、銃口付近にちょっとした仕掛けが付いていることがあります。

　撃ち出された複数の散弾が、銃口を出たとたん大きく広がってしまったら、射程がひどく短いものになってしまいます。できれば、ある程度まとまって飛んでいき、標的近くで広がれば、命中はかなり確実なものになります。そのために、ショットガンの銃口付近は内径を少しすぼめてあります。その絞りを「チョーク」といい、「チョークがきつい」と散弾の射程はのび、「チョークがゆるい」と射程は短くなります。

　よく例に出されるのは、蛇口につないだホースでする水まきです。ホースの先を軽くつまむと、少し遠くまで水をまくことができ、さらに強くつまめば水の勢いが増してもっと遠くまで水をまくことができます。これと同じ理屈です。

　ショットガンのチョークは、5種類あります。二連式のショットガンでは、左右や上下の銃身でそれぞれチョークのきつさを変えてあります。水平二連では1発目が右の銃身から、上下二連では1発目が下の銃身から撃ち出されるようになっていて、その銃身のチョークはもういっぽうの銃身よりゆるくなっているのがふつうです。ただし、「交換チョーク」という市販部品で絞りを変えることもできます。

　チョークは、19世紀後期にアメリカ、イリノイ州のフレッド・キンブルという人物が考案したという説と、英国のW・W・グリーナーという有名な銃工が考案したという説がありますが、この二人は交流があったらしく、真相はいまだに不明です。

チョークと散弾パターン

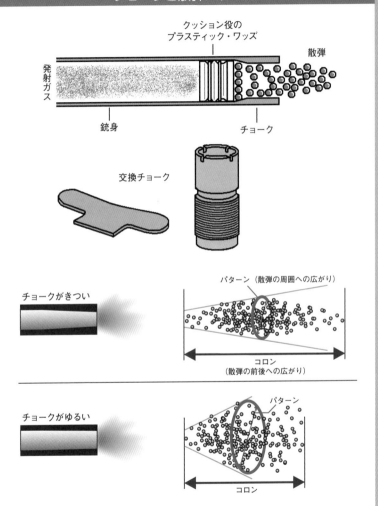

クッション役の
プラスティック・ワッズ

散弾

発射ガス

銃身

チョーク

交換チョーク

チョークがきつい

パターン（散弾の周囲への広がり）

コロン
（散弾の前後への広がり）

チョークがゆるい

パターン

コロン

二連式のショットガンでは狩りでも競技でも、まず近距離から射撃対象物に発砲するから、散弾がすぐに広がるゆるいチョークのほうがよい。だが、初矢をはずすと「射撃対象物は遠のくため、後矢（2発目）は散弾がしばらくまとまって飛んでいくようチョークがきついほうがよい。

ソードオフという**ショットガン**がある?

近距離戦闘用に改造した短いショットガン

ソードオフというのは、sawed-offと綴り、「ノコギリで切り落とした」という意味です。固有名詞ではなく、メーカー名やモデル名でもありません。ショットガン(散弾銃)の銃身、そしてときには銃床をノコギリで切り詰め、短くしたものの俗称です。

ショットガンの銃身の長さはだいたいきまっていて、21インチ(約53cm)から30インチ(約76cm)まで5種類あります。それをかってに切断して18インチ(約46cm)以下にするのはアメリカで違法ですが、はじめから短い銃身で造られるものもあり、そのようなショットガンもソードオフ・ショットガンと呼ばれることがあります。

銃身や銃床を切り詰めると、当然銃全体が小型になり、軽くなるし、扱いやすくなるし、隠し持ちやすくなります。それで犯罪者などがソードオフを好むのですが、反面反動は大きくなるし、銃口付近のチョーク(絞り)はなくなって、射程がかなり短くなります。でも、ショットガンは本来球弾を広くばらまく銃ですから、至近距離なら威力は絶大です。

違法でない短銃身のショットガンは、おもに法執行機関や軍の需要に応えるために造られています。飛んでいる鳥や4本足の動物を仕留めるためではなく、近距離で破壊力を発揮できるよう、多くは12番径で鹿撃ち用(バックショット)散弾(196ページ参照)を撃ち出せる手動操作のポンプ・アクション式です。銃身長は18インチか20インチ(約50cm)で、取り回しのよさを優先させたモデルです。

映画によく出てくるソードオフ・ショットガンは、水平二連を改造したものが多く、上下二連のソードオフにはまずお目にかかりません。上下二連は水平二連にくらべて銃を折る角度が深いので、装弾をすばやく込めなおしたいとき不利になるから、というのが理由のひとつとして考えられます。

典型的な水平二連中折れ式のソードオフ・ショットガン

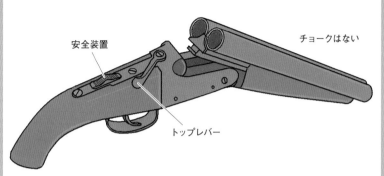

安全装置

トップレバー

チョークはない

写真右と下は映画『マッドマックス2』で主人公が使用するソードオフのモデルガン。中折れ式の構造も実銃同様に再現されている。今では入手困難なレア・モデルガンである。

Mad Max2:The Road Warrior

　荒廃した大地にたたずむ黒い革ジャンをまとったマックス。腰のホルスターには水平二連のソードオフ・ショットガンが収まっている。石油も不足しているが弾丸も貴重なこの世界ではボウガンなど原始的な武器を使用する者が多い。構えるだけでも相手を威圧できるのだ。

マッドマックス2

製作……1981年 オーストラリア
監督……ジョージ・ミラー
キャスト……メル・ギブソン、ブルース・スペンス、他
配給……ワーナー・ブラザース

写真：Moviestore Collection/AFLO

STORY
マッドマックス2

石油パニックに陥り荒廃した近未来のアメリカ。凶悪な暴走族がのさばる荒涼とした世界に、44マグナムとショットガンで武装し、スーパーチャージャー搭載の"V8インターセプター"を駆って悪者を駆逐する元警官マックス（メル・ギブソン）。荒野をあてもなくさまようマックスに、石油欲しさに悪辣を極める暴走族が襲い来る。

ショットガンには照準のための
サイトなどいらない？

フロント・サイトのあるものは多いが、あくまで目安

　サイト（照準器）にはふたつあって、銃口の上に付いているのは照星（フロント・サイト）、銃身の後方に付いているのは照門（リア・サイト）です。ショットガン（散弾銃）は基本的に複数の球弾をいっぺんに撃ち出す銃なので、どこか一点に命中させようとするわけではありません。照星と照門は、両方を直線で結んだ延長線上にある標的の一点を狙うためにあるのですから、ショットガンには本来必要ないものです。

　でも、ある程度の見当ぐらいは付けたいですから、銃口の上に小さな照星が付いているショットガンはたくさんあります。その代わり、照門は付いていません。飛んでいく鳥やクレーを撃ったり、移動している四つ足動物を撃ったりするときは、照星と照門を合わせて狙う時間の余裕などありませんから、すばやく頬に銃床を当て、標的となるものに照星を向けたら、的を追い越しざまに引き金を引く（狙い越し）、というのがショットガンの撃ち方なのです。

　照門がないショットガンは多いですが、その代わり銃身長が26インチ（約66cm）以上のものには銃身全体に低く細い陸橋のような「リブ」が付いています。中距離以上の射撃では、このリブと照星を目線の案内役にして練習し、照準のしかたを体得していきます。リブはまた、太陽光線などが反射して照準の邪魔にならないようにするための工夫でもあります。

　ショットガンは散弾を撃ち出すのがおもな目的ですが、一粒弾を撃つこともあるので、その目的に特化したショットガンにはちゃんと照星と照門が付いています。たとえば軍用を意識して造られたモスバーグM590というポンプ・アクション・ショットガンは、一粒弾専用ではありませんが、大きな照門と照星が付いています。

ショットガンの照準

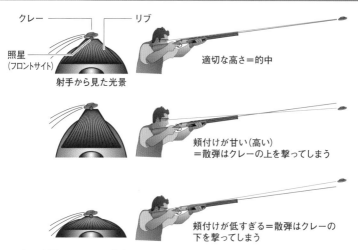

クレー ── リブ

照星
（フロントサイト）

射手から見た光景

適切な高さ＝的中

頬付けが甘い（高い）
＝散弾はクレーの上を撃ってしまう

頬付けが低すぎる＝散弾はクレーの
下を撃ってしまう

スポーツ競技であるクレー射撃では、図のような照準で飛んでいるクレーを狙う。

ドット・サイトを装着した戦闘用ショットガン

Aimpoint ／株式会社ノーベルアームズ

アメリカ軍が採用しているエイムポイント社のドット・サイト。狙った一点に撃ち込むというよりも、ドットの点を中心とした範囲に散弾を広げる目的でドット・サイトを使う。

COLUMN

映画と銃⑤

「西部劇で活躍する名銃たち」

観衆の中で向きあう二人の男…、瞬間、目にも留まらぬ速さでSAリボルバーを発砲する。ガンマン、それは勇者にしか付けられない肩書きだ!!

作品名 ヒーローを演じる男優	ヒーローの愛用銃	銃器露出度	リアル度	マニア度	作品情報
ウィンチェスター銃'73 ジェームズ・スチュワート	ウィンチェスターM1873	★★★ ★☆	★★★ ☆☆	★★★ ★☆	製作年：1950 製作国：アメリカ 監督：アンソニー・マン
リオ・ブラボー ジョン・ウェイン	ウィンチェスターM1892	★★★ ★☆	★★★ ★☆	★★★ ★☆	製作年：1959 製作国：アメリカ 監督：ハワード・ホークス
荒野の七人 ユル・ブリンナー	コルト・ピースメーカー	★★★ ★☆	★★★ ☆☆	★★★ ★☆	製作年：1960 製作国：アメリカ 監督：ジョン・スタージェス
勇気ある追跡 ジョン・ウェイン	コルトM1847ウォーカー	★★★ ★☆	★★★ ★☆	★★★ ☆☆	製作年：1969 製作国：アメリカ 監督：ヘンリー・ハサウェイ
アウトロー クリント・イーストウッド	コルトM1848ドラグーン	★★★ ★☆	★★★ ★☆	★★★ ★☆	製作年：1976 製作国：アメリカ 監督：クリント・イーストウッド
拳銃無宿 スティーブ・マックイーン	ウィンチェスターM1892ランダル・カスタム	★★★ ★☆	★★★ ☆☆	★★★ ★☆	製作年：1958～1961 TV 製作国：アメリカ 監督：トーマス・カー　ほか
ワイルドバンチ ウィリアム・ホールデン	コルトガバメントM1911A1	★★★ ★★	★★★ ★☆	★★★ ★★	製作年：1969 製作国：アメリカ 監督：サム・ペキンパー
荒野の用心棒 クリント・イーストウッド	コルト・ピースメーカーアーティラリー	★★★ ★☆	★★★ ☆☆	★★★ ★☆	製作年：1964 製作国：イタリア 監督：セルジオ・レオーネ
続・夕陽のガンマン リー・ヴァン・クリーフ	コルト・ピースメーカーキャバルリー	★★★ ★☆	★★★ ☆☆	★★★ ★☆	製作年：1966 製作国：イタリア、アメリカ 監督：セルジオ・レオーネ
プロフェッショナル バート・ランカスター	ウィンチェスターM1897	★★★ ★☆	★★★ ☆☆	★★★ ★☆	製作年：1966 製作国：アメリカ 監督：リチャード・ブルックス

★銃器露出度……作中での銃の登場頻度
★リアル度　……ガン・アクションが現実的に表現されているか
★マニア度　……監督、演出家、出演者などの銃へのこだわり

第六章

弾薬編

AMMUNITION

口径はどこの数値?
同じ口径の銃なら弾薬を共有できる?

基本は銃口の直径ながら、違う場合もあるので複雑

　ショットガン（散弾銃）をのぞいて、口径というのは銃口の直径を測って数値で表したものです。直径といっても、銃身の内側には旋条という溝が数本彫られていますから、銃口には凸と凹ができています。ふつうは、対角線上にある凸と凸の距離（山径）を口径といい、100分の1インチか1000分の1インチ、あるいはミリで表します。でも、タマの製造メーカーがいろいろな差別化を意図して、実測径が同じでも凹と凹の距離（谷径）を測って口径を表すこともあります。

　だったら、少なくとも弾丸の実測径が同じであれば、銃を変えても問題なく発砲できるのでしょうか?　たとえば、38口径弾のタマの直径は実測径が0.357インチで、357マグナム弾と同じです。ですから、357マグナム弾を撃てるリボルバーなら、38口径のほかのタマも問題なく撃てます。ところが、その逆はできません。弾丸の径は同じでも薬莢の長さが違って、マグナム弾のほうが長いため、38口径用の銃の薬室におさまらないのです。西部開拓時代にコルトのリボルバー用45口径弾が、同じ口径のスミス＆ウェッソンのリボルバーで使えないこともありました。コルト用のタマのほうが長かったからで、スミス＆ウェッソンのリボルバーが軍への採用競争に敗れたのは有名な話です。

　リボルバー用のタマは同じ口径のオートマチック・ピストル用のタマより長いので、当然ピストルには使えません。でも、その逆はできる場合があります。実際、第一次大戦でアメリカ軍がオートマチック・ピストル用の短い45口径弾をリボルバーで使ったことがあります。軍用拳銃のコルト・ガバメントが不足したため、ハーフムーン・クリップという専用の器具を使って、M1917リボルバーでガバメント用のタマを使用したのです。M1917は、コルトとスミス＆ウェッソンの両社が製造して軍に提供しました。

M1917のハーフムーン・クリップ

M1917リボルバーに使用した
ハーフムーン・クリップ

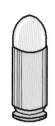

コルト・ガバメント（M1911）
ピストル用の45ACP弾

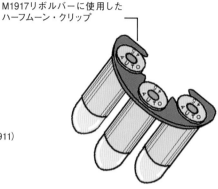

オートマチック・ピストル用のタマは底部の縁が出っ張っていないので、リボルバーのシリンダーの穴に入れると深く入りすぎてしまう。弾丸を発射できても、薬莢が抜けなくなる。そこで、3発をまとめられる半月形のクリップをふたつシリンダーに入れて使用した。

コルト M1917 リボルバー

全長：274mm
重量：1140g

スミス＆ウェッソン M1917 リボルバー

全長：270mm
重量：1040g

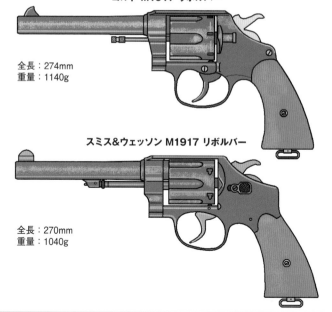

「9mmパラベラム」の「パラベラム」、「45ACP」の「ACP」とはなに?

たんなる商品名でもあり、性質を表すものでもある

　実測同寸法でも、中途半端な数字で口径が表されたりするのは、タマの個性や使える銃がわかるようにするためです。数字のあとに単語を付けるのも同じ目的ですが、商品名とかモデル名のたぐいだと考えるほうがわかりやすいかもしれません。

　もちろんそれなりの意味はあります。"パラベラム"とはラテン語で「戦争に備えよ」という意味だし、"クルツ"とはドイツ語で「(薬莢が)短い」という意味です。"マグナム"とか"ウルトラ"とかいう単語が付いていれば、強力なタマというイメージが浮かぶかもしれません。かと思えば、"レミントン"とか"ウィンチェスター"などメーカーの名前が付いていることもあります。"カスール"というのは、開発者の名前です。

　"ACP"とは「オートマチック・コルト・ピストル」の頭文字をつなげたものです。ただし、そのタマはコルト社の銃にしか使えないわけではありません。"LR"とは「ロング・ライフル」の頭文字をつなげたものですが、ライフル専用のタマではありません。"AE"とは「アクション・エキスプレス」の頭文字をつなげたもので、製造会社の名前アクション・アームズと、ひと昔まえ高威力のタマの名前に使われた「エキスプレス＝高速、急行」を組み合わせたものと思われます。

　丸い弾丸を飛ばしていた大昔と違って、弾丸の直径だけでは口径を表せなくなってきたため、「口径の数字＋固有名詞」という表記はそのまま現代の銃の口径を表します。たとえば、「このグロック17の口径は9mmパラベラムだが、あのグロック22の口径は40S＆Wだ」と言うこともできます。"40S＆W"とは、弾丸の径が0.40インチ(10.16mm)のスミス＆ウェッソン社が開発したタマのことです。ほかに弾丸の径が10mmのタマもありますが、それは使えない、ということでもあります。

拳銃弾の名称

9mm パラベラム
口径　意味：戦争に備えよ

9mm クルツ
口径　意味：短い

454 カスール
口径　人名（開発者）

44 マグナム
口径　意味：大きい、強力

44 レミントン・マグナム
口径　社名　　意味：大きい、強力

45 ACP＝オートマチック・コルト・ピストル
口径　　　　全自動　　　　社名　　拳銃

現代の主な拳銃弾

名称	使用銃
22ショート	リボルバー
22ロング	リボルバー
22ロング・ライフル（LR）	リボルバー、オートマチック
22ウィンチェスター・マグナム・リムファイアー（WMR）	リボルバー、オートマチック
25ACP	オートマチック
30トカレフ（7.62mm×25）	オートマチック
30マウザー（7.63mm×25）	オートマチック
32ACP	オートマチック
9mmウルトラ	オートマチック
9mmルガー（パラベラム）	オートマチック
9mmシュタイアー	オートマチック
9mmクルツ（380ACP）	オートマチック
9mmラシアン・マカロフ	オートマチック
38スペシャル	リボルバー
357SIG	オートマチック
357マグナム	リボルバー
38スーパー	オートマチック
40S&W	オートマチック
10mmオートマチック	オートマチック
41レミントン・マグナム	リボルバー
44-40ウィンチェスター	リボルバー、ライフル
44スペシャル	リボルバー
44マグナム	リボルバー
45GAP	オートマチック
45ACP	オートマチック
454カスール	リボルバー
45コルト	リボルバー
50AE（アクション・エキスプレス）	オートマチック
500S&W	リボルバー

※インチ表示のものは頭の数字の前に「.」がつくこともある

数字を×とか－とかでつないだ
口径はなにを表している?

単位は異なる場合があるものの、法則性はある

　例をあげると、①44-40、②30-06、③45-75-500、④9×19、⑤5.56×45、⑥12／70など。

　全部に共通しているのは、最初の数字が口径（銃口の直径）を表していることです。ただし、単位は①②③が100分の1インチで、「.44、.30、.45」と小数点を付けて表すこともあります。④と⑤の単位は、ミリです。⑥の単位は、ポンドという重さで、12分の1ポンドのことであり、ショットガン（散弾銃）の"番径"（196ページ参照）を表しています。

　－とか×とか／でつないだうしろの数字はまちまちです。①はハイフンのあとの数字が薬莢に入っている黒色火薬の量を表していて、単位はグレイン（1gr＝0.0648g）です。②は製造年である1906年を表しています。「'06」と表記されることもあります。③は75が黒色火薬の量（グレイン）で、500が弾丸の重さです。単位はやはりグレインです。④の表し方はNATO（北大西洋条約機構）できめられたもので、×のあとは薬莢の長さをミリで表しています。べつの表し方をすれば、拳銃弾の「9mmパラベラム（＝ルガー）」です。

　⑤はやはりNATOできめられた表し方で、ライフル弾に使います。×のあとは薬莢の長さをミリで表していますが、アメリカで民間用に売っている商品名は「223レミントン」です。⑥のスラッシュのあとの数字もやはり薬莢の長さを表しています。単位はミリですが、この長さは散弾を撃ち出すため装弾の先端が開いたときの全長です。この装弾はマグナム弾でない一般的な装弾で、アメリカではふつう「70（ミリ）」とせず「12／23/4（インチ）」と表します。前項も含めると、口径がわかりにくいのも無理はありません。

ライフル弾　の名称の意味

① 44-40

口径（インチ）　発射薬の量（グレイン）

② 30-06

口径（インチ）　開発年（1906年）

③ 45-75-500

口径（インチ）　発射薬の量（グレイン）

④ 9×19

口径（ミリ）　薬莢の長さ（ミリ）

⑤ 5.56×45

口径（ミリ）　薬莢の長さ（ミリ）

⑥ 12／70

番径（ポンド）　薬莢の長さ（ミリ）

現代の主なライフル弾薬

17レミントン	308ウィンチェスター（7.62mm×51NATO）
22ホーネット	30-06スプリングフィールド
218ビー	300ホーランド＆ホーランド・マグナム
222レミントン	300ウィンチェスター・マグナム
223レミントン（5.56mm×45NATO）	300ウェザビー・マグナム
22PPC（パルミサーノ・ピンデル・カートリッジ）	303ブリティッシュ
220スウィフト	8mmマウザー（7.92mm×57）
6mmPPC（パルミサーノ・ピンデル・カートリッジ）	338フェデラル
240ウェザビー・マグナム	338ウィンチェスター・マグナム
250サベージ	338ラプア・マグナム
257ウェザビー・マグナム	340ウェザビー・マグナム
6.5スウェディッシュ・マウザー	375ホーランド＆ホーランド・マグナム
6.8SPC（スペシャル・パーパス・カートリッジ）	375ウェザビー・マグナム
270ウェザビー・マグナム	375レミントン・ウルトラ・マグナム
30カービン	378ウェザビー・マグナム
7mmレミントン・ウルトラ・マグナム	416ウェザビー・マグナム
30-30ウィンチェスター	45-70ガバメント
300サベージ	460ウェザビー・マグナム
7.62mm×39ソヴィエト	47NE（ニトロ・エキスプレス）
30-40クラグ	50BMG（ブラウニング・マシンガン）

※インチ表示のものは頭の数字の前に「.」がつくこともある

弾丸はなぜ鉛でできている?

加工のしやすさから弾丸の伝統的素材に

　鉛は英語でleadと綴り、発音をカタカナで書けば「レッド」です。「リード」と表記してある資料もありますが、それは勘違いです。鉛を利用した歴史は古く、古代ローマで貴族たちが鉛製のカップでワインを飲むのを好み、鉛中毒で大勢が健康を害したと伝えられています。古代ローマの上水道にも使われたのは、柔らかくて加工しやすかったからです。融点は327.5度で、融点が1000度前後の金や銀や銅や鉄よりかなり低く、溶かしやすいから、加工もしやすいのです。

　それで、はじめから鉛は弾丸の主材料でした。モールドというペンチのような形をした型を使い、鍋に溶かした鉛をすくって冷やし、球形に仕上げていました。現代でも鉛を使って鋳造した弾丸があり、キャスト・ブレット（鋳造弾丸）と呼ばれています。でも、現代の一般的な弾丸（おもにライフル弾）は、上から見た手漕ぎボートのような形にして弾芯とし、その上に硬い銅を薄く被せたジャケット弾になっています。そうしないと、旋条という銃身内の溝に削られた鉛のカスがこびりついて命中率に影響するし、銃の作動のために利用する発射ガスを取り込む銃身にあいた小さな穴を塞いでしまいかねないからです。

　鉛の弾芯全体（底を除く）に銅を被せたものは「フルメタル・ジャケット弾」と呼ばれ、すべての軍用弾に適用されています。でも、狩猟に使うライフル弾や警察が使う拳銃弾は弾丸先端部で鉛をむき出しにし、その柔らかさを利用して胴体内で弾丸を変形させ、貫通しないよう工夫したりしています。貫通しなければ、弾丸がもつエネルギーが体内で全部消費され、確実に獲物を仕留められたり巻き添え被害を出さずにすんだりするからです。軍用弾も、表面上は全体が金色の銅で覆われているように見えても、その下の弾芯は鉛と軟鋼の二段構えにしてあったりして、殺傷力を高める工夫がされています。

昔も現在も弾丸の主材料は鉛

オートマチックピストルでは、弾倉から薬室にスムーズに弾が送り込まれるように先が球形に近い弾薬が使われる傾向がある。

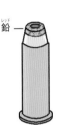

鉛（レッド）

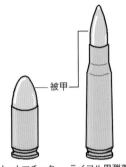

被甲

モールド

鉛を溶かして弾丸をつくる簡易道具

リボルバー用弾薬

オートマチック・ピストル用弾薬

ライフル用弾薬

アサルト・ライフル用弾薬（軍用）の構造

AK-47用（M43）
口径：7.62mm×39
弾丸重量：123グレイン

M16用（M855＝SS109）
口径：5.56mm×45
弾丸重量：62グレイン

AK-74用
口径：5.45mm×39
弾丸重量：54グレイン

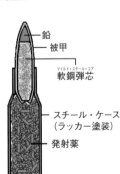

鉛
被甲
軟鋼弾芯（マイルド・スチール・コア）
スチール・ケース（ラッカー塗装）
発射薬

鉛
被甲
軟鋼弾芯
真鍮

空洞
鉛
被甲
軟鋼弾芯

ホローポイント弾と ダムダム弾は違う弾薬？

両方とも弾丸の中央をくぼませた弾薬のこと

　ホローポイント弾は、ダムダム弾と呼ばれるタマの一種です。ダムダム弾というのは、19世紀に英国の植民地だったインドのコルカタ近郊にあるダムダム工廠で製造された軍用ライフル弾のことです。薄い銅で覆った弾丸の先端部でほんの少し鉛の弾芯を露出させ、弾丸が命中すると、柔らかい鉛が外側に拡張して、弾丸がキノコのような頭でっかちの形に変形します。これを"マッシュルーミング"といい、貫通しないまま体内で全エネルギーが消費されるため、ダメージが大きくなります。臓器をひどく損傷する可能性があるので、20世紀初頭にハーグ陸戦条約で使用を禁止されました。

　いっぽう、ホローポイント弾とは「hollow（くぼんだ）＋point（先端）」弾丸のことです。形状をそのまま名前にしたもので、露出させた鉛の先端の中央をくぼませてあります。軍用ではないので、狩猟用のライフル弾、リボルバーやオートマチック・ピストル用の拳銃弾としてごくあたりまえにアメリカで市販されています。

　この弾丸形状はデザインを工夫すればいろいろな変化をつけられるので、市販品を製造しているメーカーはさまざまな種類を考案してきました。たとえば、拳銃弾では、軽めに造った弾丸をニッケル合金で覆って飛ぶ速度を大幅にあげようとしたり、銅やテフロンなどで覆った弾丸の先端に切り込みを入れ、命中すると花が開花したように開かせようとしたり、くぼませた弾丸先端のまんなかに細い柱を立て、水分の多い体内を貫通しない程度に突き進むようにしたりしました。それぞれ、「シルバーチップ」、「ブラック・タロン（製造中止）」、「ハイドラショック」という商品名が付いています。

　ホローポイント弾の欠点は、弾丸先端が柔らかいため防弾ヴェストはもちろんのこと、重ね着した衣服でも突き破れない場合があることです。

着弾後の弾丸形状の変化

ホローポイント弾

ひしゃげた弾頭
（マッシュルーミング）

ブラック・タロン弾

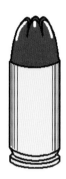

ルバロックスという特殊
な黒い素材で被甲してあ
り、先端に大きな切れ目
を入れてある。そのため
弾丸がバナナ・ピール現
象をおこしてめくれる。

ハイドラショック弾

弾丸に切れ込みが入っていないもの

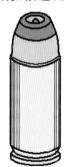

開きやすいよう切れ込
みが入っているもの

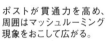

ポストが貫通力を高め、
周囲はマッシュルーミング
現象をおこして広がる。

弾丸にジャケットを被せるのはなんのため？ ジャケットはどうやって被せる？

汚れ防止と空気抵抗を減らす一石二鳥の被甲

　鉛でできている弾丸にジャケットを被せるというのは、薄い銅などで全体を包んでやることです。日本語では"被甲"といいます。鉛は柔らかく加工しやすいので昔から弾丸の材料として使われてきましたが、弾丸に回転を与えてまっすぐ飛ばすための旋条という溝が銃身の内側に彫られるようになってから、その溝とこすれ合ってカスが出るようになりました。命中率などいろいろなことに悪影響を及ぼす汚れなので、銃の掃除は以前にもまして不可欠になりました。その後、科学の進歩とともに弾道の研究が進むと、空気抵抗を減らして速度をあげるには鉛の弾丸を薄い金属で覆えばよいことがわかり、被甲はよごれの減少にも役立って一石二鳥になったのです。

　さらには、20世紀初期から20世紀半ばにかけてマシンガン（機関銃）の研究がさかんだったとき、火薬が燃焼して出る発射ガスを作動に利用する場合、弾丸の被甲は重要な鍵のひとつになりました。弾丸を被甲しておけば、発射ガスを取り込むための小さな穴が塞がれにくくなり、順調な作動が望めたのです。

　弾丸の被甲はいわば良いことずくめなのですが、市販品を買うのではなく、自分でタマを造る人のなかには、被甲なしの多少硬い鉛弾（キャスト・ブレット）を使う人がいます。それはおもに、安く自作できるという事情からです。弾丸の被甲は専用キットさえ手に入れれば自分でもできますが、メーカーは「スウェージ（圧成）」という方法を流れ作業に採り入れています。太い鉛のワイヤーを金太郎飴を造るように弾丸の大きさに切断していき、そこにカップ状のジャケットをかぶせ、機械的に強い圧力をかけて密着、成形していきます。被甲の厚さは0.4〜0.8mmで、薬品を使ってはるかに薄い皮膜で覆う鍍金とはまったく異なります。

弾丸の形状と被甲

現代の鋳造弾丸

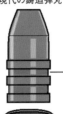

潤滑材（グリース）
を塗り込む溝

ガス・チェック（銅製のカップ）
（キャスト・ブレットの底にはめ、高温に
よる鉛の溶解を防ぎ、弾道を安定させる）

被甲していない
19世紀後期の弾丸

現代のリボルバー用の
被甲していない弾丸

現代のリボルバー用の
ジャケテッド・ホローポイント弾

オートマチック・ピストル用の
フルメタル・ジャケット弾

オートマチック・ピストル用の
ジャケテッド・ホローポイント弾

発射された弾丸には
指紋のようなものが残る?

旋条痕と撃針痕から発射した銃は特定できる

　銃が使われた犯罪現場にもし空薬莢が落ちていれば、法執行機関の鑑識はかならずそれをラボへ持ち帰ります。薬莢の底に埋め込まれている点火装置（雷管）にはかならず撃針の痕が残っていますから、それをスキャンしてコンピュータに取り込み、比較照合ができれば銃を特定できるかもしれません。また、犯人が弾倉にタマを込めたときに付いたかもしれない指紋を採取できる可能性もあります。

　でも、たとえば死体から摘出された弾丸には、指の指紋はまず付いていません。それに、体内に残っている弾丸はたいていひしゃげてしまっていて、多くは原形をとどめていません。それでも、ひしゃげ方がさほどひどくなく、とくに弾丸の下のほうが損傷していなかったら、その部分に弾丸の指紋ともいえる「旋条痕」が残っていることがあります。彫り込まれたように斜めの縦線が付いているのです。

　これは、発射された弾丸が銃身内をとおるとき、そこに彫られている旋条という溝に食い込んで回転しながら進んでいった痕です。旋条痕はすべて微妙な特徴をもって残るため、その特徴と一致する痕が過去に記録保存されていれば、指紋で人物が特定されるように銃が特定されるのです。銃が特定されても犯人がわかるわけではありませんが。

　ただ、アメリカのATF（アルコール・タバコ・火器取締局）にはIBIS（Integrated Ballistic Identification System）というコンピュータのデータベースがあり、全国の法執行機関からアクセスできるようになっています。IBISには、"ツールマーク"と呼ばれる旋条痕や撃針痕などのデータが収集されて画像保存してあります。摘出された弾丸や犯罪現場にあった薬莢をスキャンし、比較顕微鏡がインストールされているデータベースにかければ、過去に犯罪で使われた銃かどうか検索が全国規模で瞬時にわかるのです。

TVドラマ『CSI：科学捜査班』 ― *CSI: Crime Scene Investigation* ―

STORY

CSI：科学捜査班

欲望が渦巻く街・ラスベガスを舞台に、科学捜査班（CSI = Crime Scene Investigation、正しくは鑑識班）所属の捜査官たちが、最新科学を駆使した捜査技術で現場証拠から犯人及び犯行過程を解明していくドラマ。『CSI：科学捜査班』（2000年～現在、シーズン11）に始まり、スピンオフ『CSI:マイアミ』『CSI:NY』がある。

製　　作：アメリカ
キャスト：ウィリアム・ピーターセン、マージ・ヘルゲンバーガー他
制作局：CBS

最新技術を駆使して、科学捜査班（CSI）が現場の証拠から犯人や犯行過程を解析していくシーンは、ワクワクする。このシリーズでは銃器用語や弾薬などの固有名詞が頻繁に出てくるので、本書を副読本にして観るとより楽しめるだろう。

写真：Album／アフロ

写真左は38口径リボルバー弾の空薬莢、真ん中は獲物に当たって体内で変形したライフル弾の弾丸。右はライフル弾の空薬莢。どちらの空薬莢にも雷管（プライマー）に発射後につく撃針の跡が見える。これらの証拠を基に銃器犯罪の捜査がはじまるのだ。

タマの**火薬**は**粉末?**
それとも**粒?**

「速燃性」か「遅燃性」かでさまざまな形状がある

　銃に利用するのは、爆薬でない火薬です。とても速く燃える"発射薬"ですが、これには「黒色火薬」と「無煙火薬」の2種類があり、両方とも"火薬"という言葉が含まれるので単に「火薬」と表現してもまちがいにはなりません。

　火器としての銃が誕生したときには、黒色火薬を使いました。成分は硝酸カリウム約75%、硫黄約10%、木炭約15%です。この三つの成分を練って乾燥させ、粒状に砕くコーニングという製法でつくり、19世紀後期まで使用されていました。燃えるともうもうと煙が出て、数人で一斉射撃をおこなっただけで視界がほとんどゼロに近くなるほどです。現在でも火縄銃など昔の先込め式銃を撃つときに使われ、燃焼速度に変化をもたらす粒の大きさによって5種類（FgからFFFFFgまで）の黒色火薬が製造されています。

　無煙火薬は、19世紀半ばに発明されたニトロセルロースをベースにして開発されました。ダイナマイトで有名なノーベルなども開発にひと役買っています。黒色火薬よりはるかにエネルギーが高く、煙もわずかしか出ません。無煙火薬も粉末ではなく、燃焼速度に変化をつけるためさまざまな形状で造られています。球状、円筒状、マカロニ状、板状、おはじき状などです。形によって燃え広がり方が変わり、さらには被膜することで燃焼速度に変化をもたらすことができ、速燃性、遅燃性の発射薬をつくれます。

　単純な理屈ですが、銃身の短い拳銃用のタマには速く燃える火薬を使います―でないと、火薬が燃えきらないうちに弾丸が銃口を飛び出してしまい、充分な速度もエネルギーも与えられないからです。いっぽう、ライフルなど銃身の長い銃の場合は、燃焼速度の遅い火薬を使います―燃える速度が遅いと薬莢や銃身のなかの密封空間で圧力が高まり、速度もエネルギーも高い弾丸を発射できるからです。

さまざまな発射火薬の形状

黒色火薬
（拡大イメージ）

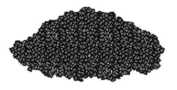

無煙火薬
（1粒1粒の形状：拡大イメージ）

| 円筒状 | マカロニ状 | 板状 | おはじき状 |

拳銃 …速燃性

拳銃はライフルにくらべ銃身が短いので、弾丸が加速する時間と距離が短い。そのため燃焼速度の速い速燃性の火薬を使用する。燃焼速度が遅いと火薬が燃え切らないうちに弾丸が銃身から飛び出してしまうからだ。

ライフル …遅燃性

ライフルは銃身が長いため燃焼速度の遅い火薬を使う。弾丸が密封空間にある時間の長さに合わせて火薬も遅く燃えた方が、弾丸のエネルギーや速度が高まるためだ。

50BMGより大きなタマはある?

軍用、民間用を含めて三つある

50BMGというのは、天才銃器設計家のジョン・ブラウニングがマシンガン（機関銃）用に開発した直径0.50インチ（12.7mm）のタマのことです。これがいかに大きいか、右ページをみてもらえばわかりますが、狙撃、狩猟用によく使われる308winというライフル弾と数字で比較してみます。

・50BMG（12.7×99mm）：全長137mm 弾丸重量45.3g 火薬量約14.3g
・308win（7.62×51mm）：全長70mm 弾丸重量9.7g 火薬量約3.1g

50BMGはそもそも戦車、航空機などを狙う対物用として開発されたタマですが、ヴェトナム戦争では対人用として遠距離狙撃にも使われました。同じ50口径のタマは、リボルバー用の500S&W（全長53mm 弾丸重量25.9g 火薬量約2.6g）、オートマチック・ピストル用の50AE（全長41mm 弾丸重量21g 火薬量約2.2g）しかありません。でも、どちらも拳銃用で、50BMGとはくらぶべくもありません。

上記のタマは全部「小火器＝銃」で使うものです。戦後日本ではタマの直径が20mm以上、アメリカでは1インチ（25.4mm）以上は「砲弾」という部類に入ります。ですから、砲弾なら当然50BMGより大きいことになりますが、銃に使用するタマでもっと大きな口径のものがじつは少なくとも三つ存在します。

旧ソ連のKPV重機関銃用の14.5×114mmという57口径のタマがそのひとつです。このタマは対空、対軽装甲車用で軍用ですが、民間用で象狩りに使うダブル・ライフル用の600NE（ニトロ・エキスプレス：15.24mm）、さらにその上をいく700NE（17.78mm）というタマもあります。はじめてマグナム弾を造った英国のホーランド＆ホーランド社が販売しました。リボルバー用みたいな形のタマです。

50BMGと700NEの大きさ比較（実寸）

50BMG

50AE

500S&W

700NE

全長：41mm
弾丸重量：21g
火薬量：2.2g
初速：426.7m/秒

全長：53mm
弾丸重量：25.9g
火薬量：2.6g
初速：548.6m/秒

308win

全長：120mm
弾丸重量：64.8g
火薬量：10.4g
初速：609.6m/秒

全長：137mm
弾丸重量：45.3g
火薬量：14.3g
初速：853.4m/秒

全長：70mm
弾丸重量：9.7g
火薬量：3.1g
初速：868.6m/秒

軍隊で使用されている**タマの先端**に塗られている**色**の意味は?

軍隊には弾薬の種類を表す「カラー・コード」がある

　軍用のライフル弾には用途によっていろいろな種類があります。用途による種類というのは、実戦で使う通常弾（普通実包）、硬いものを貫く徹甲弾、攻撃目標を焼き払う焼夷弾、弾道が見える曳光弾、目標に命中して爆発する炸裂弾、命中すると砕けるフランジブル弾、夜空を明るく照らす照明弾、訓練弾、空包などのことです。

　こうしたタマはもちろん銃を使って撃ち出すので、アメリカ軍の場合口径が5.56mm用と7.62mm用のものが両方造られています。でも、そのままでは通常弾と外観が変わらないので、どんな用途で使用するタマなのか見分けがつくようにしておかなければなりません。それで、弾丸先端に色を付けておいたりするのです。

　それを「カラー・コード」といいますが、各国共通ではありません。古いタマと改良された新しいタマで色が違うこともあります。たとえば、徹甲弾はNATOもアメリカ軍もライフル弾の先端を"黒く"着色したものです。昔のワルシャワ条約機構でも徹甲弾の先端は黒でした。ただし、アメリカ軍の7.62mm弾用は、弾丸先端を着色しないで、少しさがったところの周囲を黒く塗っています。

　焼夷弾は、たいていどこでもなぜか"ライト・ブルー"です。でも、曳光弾は昔のタマが"赤"、改良されたタマは"オレンジ"、ワルシャワ条約機構では"グリーン"でした。アメリカ軍の昔のフランジブル弾は、弾丸先端が"グリーン"で、その下の周囲が"白く"着色されていました。ワルシャワ条約機構の通常弾の先端は、軽いタマが"銀"、または"白"で、重いタマが"黄色"でした。アメリカ軍の通常弾は先端が"グリーン"で、グリーン・チップと呼ばれています。

　民間用のタマにカラー・コードは当然ありません。

弾薬のカラーコード

NATO（北大西洋条約機構）

徹甲弾　徹甲焼夷弾　焼夷弾　曳光弾　曳光弾（ダーク・イグニッション）　通常弾

WTO（ワルシャワ条約機構）

徹甲弾　徹甲焼夷弾　曳光弾　普通実包（軽い）　普通実包（重い）　普通実包（初速を落としてあるもの）

アメリカ軍による曳光弾の射撃シーン。

ボトルネックとはなにか？

弾丸の速度を高める研究から生まれた「瓶首」

　まだ黒色火薬を使っていたころ、19世紀半ばに金属の薬莢が発明され、弾丸と火薬と点火装置（雷管）を一体にした"弾薬"ができました。これで銃口から火薬と弾丸を入れる先込め式の銃から元込め式の銃の時代になりました。やがては弾倉ができて、連発式も可能になりました。薬莢ははじめストレート・タイプの円筒形で、口も底も同じ径でした。だから、火薬を多く入れて弾丸の威力を高めるには、薬莢を太くするか、長くするしかありません。でも、薬莢を太くすれば先端に嵌める弾丸も大きく重いものになってしまいます。薬莢を長くするといっても、その結果弾丸が小さくなれば効果は期待できないかもしれません。かといって、"太く長く"には限度がありました。

　それから半世紀もたたないうちに、エネルギーがはるかに高い無煙火薬が発明されました。弾道の研究も進んでいて、弾丸の断面積や重さも破壊力と密接な関係があるものの、そのパワーを増すためにいっそう重要なのは弾丸の速度であるということがわかっていました。弾丸は空気抵抗を減らす尖頭形状で、ある程度小さく軽く、薬莢にはエネルギーの高い無煙火薬を多く詰められれば理想的でした。そこで考案されたのが、ボトルネック・タイプの薬莢です。ボトルネックとは「瓶首」という意味で、ワインの瓶のように上が細くて下が太い形状です。

　マウザーや南部などの拳銃用ボトルネック弾も造られましたが、小型で射程も短い拳銃には不向きだと考えられ、薬莢が長いうえ円筒形でなくてもそれに合う形の薬室を造りやすいライフルでボトルネック弾が造られるようになったのです。その形状は19世紀半ばからアメリカで試されていましたが、その長所に注目して本格的に採り入れたのは、ヨーロッパの軍用ライフルでした。

ボトルネックの形状

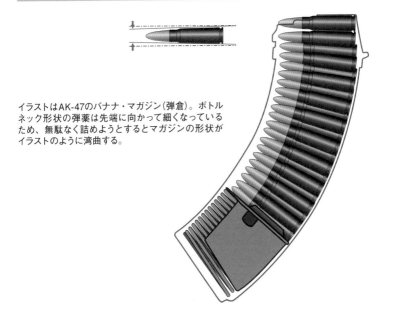

マウス

ネック

ショルダー

ボディ

排莢用溝

ヘッド

ストレート　　　　**ボトルネック**　　　**拳銃用ボトルネック弾**

イラストはAK-47のバナナ・マガジン（弾倉）。ボトルネック形状の弾薬は先端に向かって細くなっているため、無駄なく詰めようとするとマガジンの形状がイラストのように湾曲する。

弾丸が体内に入るとどうなるか?

後ろに吹っ飛ぶ、血しぶがあげる…ことはない

　人間は銃で撃たれると、当たりどころにもよりますが、へなへなと、あるいはばったり倒れます。けっして大きくうしろへ跳ねとばされたりしません。血しぶきが派手にあがるようなこともまずありません。映画などのそういうシーンは、演出です。

　拳銃弾とライフル弾では差がありますが、一般に弾丸は人体に入るとまず瞬間的に周辺の組織を大きく押し広げます。弾丸の直径の10倍以上の大きさだといわれています。その後、組織はいったん収縮しますが、弾丸は小さく組織を押し広げながら進んでいきます。途中で骨に当たり、向きを変えることもあります。骨は折れたりひびが入ったりして、当然ダメージを受けます。上半身、とくに胸部を撃たれて肋骨や胸骨が砕けると、弾丸の進路とは関係なく骨の欠片が血管や神経や内臓を損傷することもあります。

　体内に入った弾道は、人体とよく似た密度と粘性をもつ半透明のバリスティック・ゼラチンというもので観察することができます。専用のゼラチン・パウダーを型に入れ、お湯で溶かして冷やすとできあがります。そこへ弾丸を撃ち込むので、的をはずさないようふつうは比較的大きな直方体にかためます。さまざまケースが考えられますが、どんな口径の拳銃弾でもライフル弾でも散弾でも、その弾道がひと目でわかります。ネット上でも画像や動画で見ることができます。そのときの検索語は、「ballistic gelatin」です。

　弾丸のなかには、重心を後方へずらしてわざとバランスを崩し、体内に入るとつぶれたうえ横転しながら暴れまわるよう設計したものがあります。AK-74の5.45mm弾などがそうですが、こういう弾丸はたとえ口径が小さくても強い殺傷力を発揮します。あまりの殺傷力に"猛毒弾丸"などと呼ばれたりしますが、フルメタル・ジャケット弾であるために、外側からはその破壊力がうかがえません。

体内に入った弾丸の動き

45口径拳銃弾の動き方

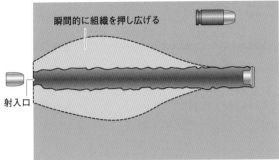

瞬間的に組織を押し広げる

射入口

体内に弾丸が入ると、周辺組織を瞬間的に押し広げる。弾丸は体内を進むが、ホローポイント弾などでは弾頭がマッシュルーミングを起こして体内に留まることが多い。

AK-74の5.45mm弾の動き方

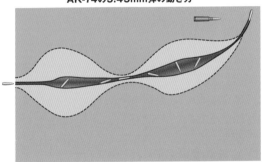

重心を後方へずらした弾丸は体内に入ったあと横転を始め、体内組織が大きくダメージを受ける。体内で暴れ回るように設計されたこの弾薬は、通常の軍用ライフル弾よりも貫通力が高くない。

散弾の動き方

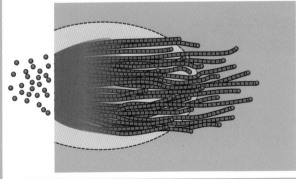

拳銃弾やライフル弾に比べて散弾は射入口の面積が大きく、体内でも破壊される組織の面積は大きくなるが、貫通力は高くない。

貫通力が強い弾丸ほど威力もあるのか?

貫通力=威力ではない

　たとえば、銃から発射された先が鋭角的な弾丸が人の太もも（大腿直筋）に当たり、まっすぐ筋肉を貫いて太ももの裏側から出ていったとしたら、血管（大腿動脈）を損傷していないかぎり致命傷にはならない場合が多いはずです。先が鋭角的な弾丸は"貫通力"にすぐれていますが、相手に決定的なダメージを与えられないことも多くあり、そのときはすぐれた"威力"を発揮したとはいえません。つまり、貫通力大≠威力大です。

　でも、弾丸が貫通力を優先していない形状、たとえば先端（ホローポイント）をくぼませたものならどうでしょう？　太ももに当たったら、弾丸の先端はキノコのような頭でっかちの形に変形して、速度を落とし、もしかしたら進行方向にも変化が生じ、骨（大腿骨）に当たって粉砕し、ひょっとしてその鋭い破片が動脈をひどく傷つけるかもしれません。被弾した人間は大量出血して、失血死する可能性が大になります。いっぽう、変形した弾丸は運動エネルギーを失い、外へ出ていかず体内にとどまることもあります。

　だったら、誤解とは言い切れませんが、どうして貫通力が威力と結びついたのでしょう？　"威力"という言葉はとてもあいまいで、破壊力なのか阻止力なのか衝撃力なのかはっきりしません。でも、威力の大きさを「運動エネルギー」の大きさと結びつけて考えるとわかりやすくなります。弾丸の運動エネルギーは「重量」と「速度の2乗」に比例します。たとえば、重量に大きな差がないとすると、速度が速ければ速いほどエネルギーは大きくなります。そして、空気抵抗が少ない先の尖った形状で、全体が細長ければ、速度も速くなるのです。そうすると、結果的に運動エネルギーが大きな弾丸は貫通力にもすぐれることになります。ただし、専門家は「運動エネルギー=威力」という考え方に昔から懐疑的で、弾丸の客観的パワーを求めるジュールという単位を用いる計算（右ページ参照）など、いろいろな計算方法を考え出しました。

ジュール比較

ジュールの計算式

$$\frac{速度^2(m/s) \times 重量(g)}{2000}$$

「銃弾の威力」の目安としてジュールは分かりやすい指標のひとつとなる。グラフはそのものが持つエネルギーを、ジュールの計算式に当てはめて導き出した数字である。しかし大きさや速度が大幅に異なるものを単純に運動エネルギーだけで比較しても、その物体が衝突した対象を傷つける能力、つまり「威力」の正確な比較にはならないことも多い。

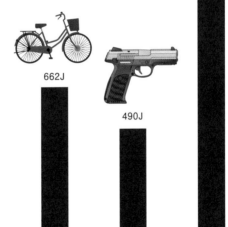

3352J

662J

490J

110J

野球のボール	**自転車**	**拳銃弾**	**ライフル弾**
硬球	一般市販車+成人男性	9mmパラベラム	7.62mmNATO
145g・140km/h (39m/s)	15kg+60kg・15km/h (4.2m/s)	8g・350m/s	9.5g・840m/s

.45GAP弾はどうなったのか?

.45ACP弾と互換性なく、性能も中途半端

　.45GAP弾というのは、口径が0.45インチで、オーストリアのグロック37（フルサイズ）、38（コンパクト）、39（サブコンパクト）というオートマチック拳銃のモデルに使用される弾薬のことです。GAPとは、「Glock Automatic Pistol」の頭文字をつなげたものです。同じ45口径弾では、.45ACP弾が有名ですが、これは「Automatic Colt Pistol」の頭文字をつなげたもの。ですが、.45ACP弾を使用するのはなにもコルト社のピストルにかぎったことではありません。この弾薬を使用するオートマチック拳銃は、コルト、グロックのモデルをはじめとして、たくさんあります。

　.45GAP弾は、2003年にCCIスピアー社のアーネスト・ダラムによって開発されました。従来からあった.45ACP弾の口径の大きさをそのままに、初速を若干速め、薬莢を３ミリ短くして軽量化し、普及していた９ミリ弾なみに扱いやすくしたものです。注目されたのは、４年後の2007年、アメリカのショット・ショーで紹介されたときでした。それまで９ミリ・パラベラム弾や.40S&W弾を使っていたアメリカの公的機関のなかには、さっそくこの弾薬に飛びついたところもありました。たとえば、ニューヨーク、サウス・カロライナ、ノース・カロライナ、ミズーリ、ジョージア、フロリダなどの警察やハイウェイ・パトロールです。彼らは、公用拳銃にグロック37を採用しました。

　当初は、この口径に将来性を見て、.45GAP弾を使う拳銃を製造するメーカーが多少ありました。しかし、.45ACP弾とは互換性がないし、性能も思ったほど画期的でなく中途半端で、現在はこの弾薬ばなれが急速に進んでいます。グロック37、38、39は民間ではまだ需要があるようですが、ＦＢＩをはじめとする公的機関は９ミリ・パラベラム弾を装填できる武器へどんどん回帰しています。

.45ACP弾を使用した高揚拳銃、グロック37

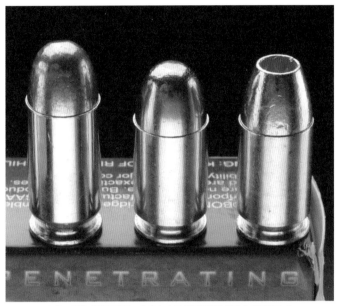

向かって左が45ACP、中央と右は弾頭形状が違うが両方とも
45GAP弾丸である。

グロック37

使用弾薬が.45GAPで、グロッ
ク17とは口径のみ違う兄弟的
なモデルである
装弾数は10発となる

COLUMN

「ガンおたく監督の映画で活躍する
名銃たち」

マニアックすぎる銃の選択、ストーリーには
全く関係ない銃の操作のクローズアップ。で
も、漢たちはそんなあなたの作品が大好きだ!!

作品名 ガンを愛する監督	この名銃に 注目	銃器 露出度	リアル度	マニア度	作品情報
コラテラル マイケル・マン	H&K USP	★★★ ☆☆	★★★ ★★	★★★ ★★	製作年：2004 製作国：アメリカ 主演：トム・クルーズ
ランボー テッド・コッチェフ	M60	★★★ ★★	★★★ ★★	★★★ ★★	製作年：1982 製作国：アメリカ 主演：シルヴェスター・スタローン
グラン・トリノ クリント・イーストウッド	M1ガランド	★☆☆ ☆☆	★★★ ★★	★★★ ★★	製作年：2008 製作国：アメリカ 主演：クリント・イーストウッド
イノセンス 押井守	マテバ M2007	★★★ ☆☆	★★★ ★☆	★★★ ★★	製作年：2004 アニメ 製作国：日本 主演：バトー：大塚明夫（声優）
HANA-BI 北野武	ニューナンブ M60	★★☆ ☆☆	★★★ ★☆	★★★ ★★	製作年：1998 製作国：日本 主演：ビートたけし
ブレイキング・ニュース ジョニー・トー	S&W チーフ スペシャル	★★★ ★★	★★★ ★☆	★★★ ★★	製作年：2004 製作国：香港 主演：ケリー・チャン
アサルト13 要塞警察 ジャン=フランソワ・リシェ	SG552	★★★ ★★	★★★ ★☆	★★★ ★★	製作年：2005 製作国：アメリカ 主演：イーサン・ホーク
シン・シティ ロバート・ロドリゲス	スタームルガー ブラックホーク	★★★ ★☆	★★★ ★☆	★★★ ★★	製作年：2005 製作国：アメリカ 主演：ミッキー・ローク
トランスポーター2 ルイ・レテリエ	H&K P8	★★★ ☆☆	★★★ ★☆	★★★ ★★	製作年：2005 製作国：フランス 主演：ジェイソン・ステイサム
デスノート 金子修介	SIG P226	★★☆ ☆☆	★★★ ★★	★★★ ★★	製作年：2006 製作国：日本 主演：藤原竜也

★銃器露出度……作中での銃の登場頻度
★リアル度 ……ガン・アクションが現実的に表現されているか
★マニア度 ……監督、演出家、出演者などの銃へのこだわり

第七章

うんちく編

プリンキングとは？

銃が大好きなアメリカ人の遊び

　日本では考えられないことですが、アメリカの地方では広い敷地をもつ家の裏庭で銃を撃って遊ぶことがあります。空き缶を撃ったり、スイカを撃ったり、ガラス瓶を撃ったり、壊れたコンピュータを撃ったりもします。ようするに、的はなんだっていいのです。このようなお遊び射撃を、「バックヤード・プリンキング」といいます。

　玩具のエアーソフトガンなら完全にお遊びといえるでしょうが、撃つのはほんものの銃です。拳銃でもライフルでもサブマシンガン（短機関銃）でもかまいません。でもタマ代がかかるので、直径わずか5mm半の22LRという安いタマを撃つことが多いようです。その弾丸が少し硬いものに当たったときの音、「カチン、チリン（＝プリンク）」がプリンキングの語源だといわれています。

　プリンキングを念頭において造られたわけではありませんが、たとえばコルトM1911（ガバメント）拳銃やM4軍用カービンの口径だけを変えて、22LR弾を撃てるようにするキットを買うこともできます。MP5というドイツ製の優秀なサブマシンガンの22LRバージョンだって市販されています。もちろん、口径のずっと大きい9mm弾やショットガン（散弾銃）を撃って派手に遊ぶこともあります。

　プリンキングは最初から最後まで自分の責任でやるので、好きなように楽しめます。都会では室内射撃場などへいかなければ射撃ができず、時間や料金を気にしなければなりません。また、室内射撃場には安全のためやかましい規則があります。プリンキングでは豊富な種類の銃を撃てませんが、この自由な射撃の楽しさはTVのヒストリー・チャンネルで堂々と紹介されているほどです。法律でどう規制されていようと、アメリカでは地方の自宅敷地内や森のなかや山中でやれば、おおかた取り締まられたりしません。

本場アメリカでのプリンキング風景

日本では考えられない光景だが、アメリカでは州にもよるが、子供のころから気軽に実銃の射撃を楽しんでいる。もちろん大人が銃の危険性と正しい取り扱いを指導した上でおこなわれる。

コックとはなに?

フリントロック銃にあった「鶏頭」が由来

　とても基本的な銃器用語のひとつです。英和辞典を引いても、「cock」には銃器用語としての日本語訳は載っています。でも、銃に詳しい人たちが読みどおりのカタカナを使って、「ハンマーをコックする」とか「安全装置をかけてコックを解除する」とか「スライドを引けばコックできる」などと言ったり書いたりするのはなぜなのでしょう?　玩具にも、「エアー・コッキング・ガン」という銃があります。

　「コック」という言葉の語源ははっきりしています。17世紀から200年間使用された先込め式(マズルローダー)のフリントロック銃にコックというパーツがあり、それが元になっています。フリントロック式の銃は、引き金を引いて火打ち石を打ち金に打ち当て、火花と少量の点火薬を利用して火薬に着火させ、弾丸を飛ばすものでした。その火打ち石をはさむものがニワトリの頭に似ていたので、「コック」と呼ばれていました。

　以来、「引き金を引けば発砲できる状態にする」ことを、「コックする」というようになりました。辞典に載っている「撃鉄(ハンマー)を起こす」という言い方がかならずしも正しくないのは、すべての銃に撃鉄があるとはかぎらないからです。リボルバーのように撃鉄が外に出ている銃なら、指で撃鉄を起こす行為ですが、ボルト・アクション・ライフルのように撃鉄がない銃ならボルトを操作して撃針を後退させることです。

　またアサルト・ライフルのように撃鉄がフレーム内に収納されて外から操作できない銃なら、"コッキング・レバー"(チャージング・ハンドル、オペレーティング・ロッドなど、呼び方は銃によって異なります)を引いて放すことです。さらに、オートマチック・ピストルならスライドを操作して薬室(チェンバー)にタマを装填する(同時に撃鉄も起きる)ことであったりします。つまり、銃によって"コック"するやり方はいろいろあるのです。

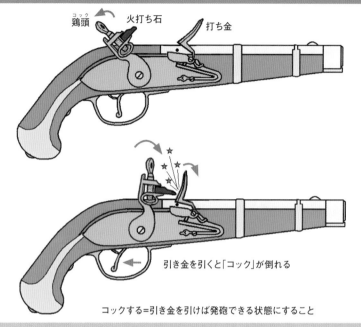

フリントロック銃のコック

鶏頭（コック）　火打ち石　打ち金

引き金を引くと「コック」が倒れる

コックする＝引き金を引けば発砲できる状態にすること

エアー・コッキング・ガン

　手で力をこめて銃の一部を動かすことで、銃の中にあるスプリングを圧縮してやり、そのスプリングが元に戻ろうとする力を利用して空気を勢いよく弾の後ろに送り込み、弾を撃ち出すタイプの銃。スプリングを圧縮する作業のことを「コッキング」という。弾を撃ったら、再びコッキングしてからでないと次の弾は撃てない。
　ひと口にエアー・コッキングといっても，安い入門向けの機種から、超高級な上位機種までいろいろだ。すべてのエアーガンの基本である。

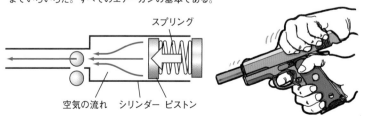

スプリング

空気の流れ　シリンダー　ピストン

銃はなぜ黒色のものが多い？

元々は鉄を焼き入れた自然な色が黒だった

　黒色といっても"まっ黒"ではないものが多いはずです。銃の起源は500年以上前にさかのぼりますが、火薬を使うので当然丈夫な材質でなければならず、最初は青銅などで造られました。青銅というくらいですから、大気にふれる表面はくすんだ青緑色でした。それから鉄を材料にするようになり、たたいて成形する鍛造の過程で剛性と防錆力を高めるため焼き入れをすると、鉄は自然に黒ずんだのです。この黒さは酸化皮膜の黒サビが発生したためで、錆で錆を防止する効果がありました。

　西部開拓時代に使用された昔のリボルバーの表面は、ケースハードゥンという熱処理をほどこして、黒を基調とした独特なまだら模様に仕上げました。また、よくいわれる「ガンブルー」という銃特有の光沢ある青みがかった美しい色は、表面処理によってできるものではなく、苛性ソーダなどの化学薬品を使った一種の塗装です。でも、軍用の銃器は光沢も含めて反射や目立つことをきらうので、表面をつや消しの黒色に仕上げることもあります。その処理法のひとつは、パーカーというアメリカ人が興した会社が専門とする「パーカライジング」という方法で、防錆効果もあるものです。

　20世紀末から多くなった強化プラスティック製の銃、つまりポリマーや合成樹脂を多用した銃は、武器というものの性質上黒いものが多いですが、素材に着色料をくわえることで何通りもの色を再現することができるので、さまざまな色の銃が登場するようになりました。軍用銃の場合、戦闘地域の環境によって保護色効果を期待し、砂漠地帯なら本体外側を砂色にし、森林地帯ならたとえば狙撃銃の銃床をグリーンの迷彩柄にしてあったりします。塗装ではなく素材に着色料をくわえるので、使い込んだからといって色が剥がれ落ちたり、錆びたりすることもありません。

同じ鉄でもいろいろな表面仕上げが存在する

マットブラック
焼入れにより自然と黒ずんでいった表面。パーカッション式の時代の銃に多く見受けられる。

ケースハードゥン
古式銃に多い表面処理仕上げである。熱処理によって自然にできるまだら模様で、木目同様に全く同じ模様はない。

ガンブルー
いわゆる「ブルーイング」という処理で、塗装の一種である。きれいな深みのあるブルーは多くのガンファンあこがれの表面仕上げである。

防弾ヴェストは
ほんとうに弾丸を通さない?

効果はあるものの無敵ではない

　防弾ヴェストは、英語では「ボディ・アーマー」、「フラック・ジャケット」などともいいますが、ボディ・アーマーはようするに「甲冑」のことだし、フラック・ジャケットのフラックはドイツ語の「対空砲」という長い単語を縮めたものなので、"弾丸を通さないヴェスト"という本来の意味が伝わってきません。

　本来の役割を果たすための防弾ヴェストは、1974年にアメリカのデュポン社が画期的なケブラー素材を開発して、実用化が進みました。重さが同じならスチールよりも引っぱり強度が5倍高い繊維で、これを細いテープ状にして平織りし、布に仕上げたものを10数枚から20数枚重ねたヴェストができたのです。弾丸を跳ね返すのではなく、撃たれた衝撃を吸収して弾丸をとめる、という考え方で開発されたヴェストです。

　以後、拳銃用、ライフル用などのクラス分けもでき、タイプⅠとタイプⅡが拳銃用(口径で分かれる)、タイプⅢがライフル用、タイプⅣがライフル徹甲弾用とされました。アメリカ軍は、戦場での防弾効果をさらに発揮できるようヴェストの前ポケットにセラミックスやチタンのプレートを入れてタイプⅢ相当のヴェストの強化を図ったりもしました。

　ケブラー繊維より4割強く、スチールより15倍引っぱり強度があるという新素材は、ハニウェル社が開発したスペクトラというものです。これは繊維を織るのではなく、特製の樹脂で繊維をくっつけたものです。また、炭化ケイ素セラミックスという素材で造った直径5cmの薄い円盤を、ケブラー製着衣のなかで鱗状にならべた「ドラゴン・スキン」という新しい防弾ヴェストも製作され、高い防弾効果を発揮しています。

　防弾ヴェストの開発は着々と進んでいますが、タイプⅠのヴェストでライフル弾に立ち向かうとか、テフロンでコーティングした特殊な弾丸で撃たれるとかすれば、防弾ヴェストといえど役に立たないことも充分ありえます。

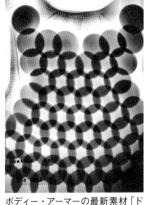

アメリカ軍の現用ボディ・アーマーIOTV（Improved Outer Tactical Vest＝改良型タクティカル・ヴェスト）の第2世代型。

IOTVを着用し、イラクでパトロールにあたるアメリカ陸軍兵士。右の写真と迷彩の柄が異なる（ユニバーサル迷彩）が、中身は同じ。

ボディー・アーマーの最新素材「ドラゴン・スキン」のレントゲン写真。炭化ケイ素セラミックスを直系2インチ（5.08cm）の円盤にして並べてあり、動きやすく防弾性が高いとされている。アメリカの特殊部隊や一部の法執行機関に配備されているようだ。

RONIN

製　作：1998年　アメリカ
監　督：ジョン・フランケンハイマー
キャスト：ロバート・デ・ニーロ、ジャン・レノ、他
発売元：20世紀フォックス ホーム エンターテイメント

　仲間の裏切りもあって主人公のサムは下腹部に被弾。仲間ととも
に知り合いの家に逃げ込み、着ていた防弾ベストを仲間に外しても
らって怪我の治療をおこなう。そして、弾丸を取り出してみると防弾
ヴェストをも貫通するようにテフロンがコーティングしてあった！

写真：Moviestore Collection/AFLO

STORY
RONIN

アメリカ人サム（ロバート・デ・ニーロ）をはじめ、各国の諜報機関をリストラされた元スパイ5人が、パリに集められた。戦略、武器、監視、秘密任務のプロフェッショナルたちだ。今回の彼らの仕事は、雇い主も目的も謎のまま、ニースのホテルにいるターゲットから銀色のケースを盗み出すこと。だが、そこには恐るべき罠が待ち受けていた。

跳弾とはどのような現象か?

フルメタル・ジャケット弾以外ではまずおこらない

平べったい石を選んで池などに横手投げで投げると、水面に触れながら跳ねて飛んでいきます。このような現象を英語では「リコシェイ」といいますが、弾丸も表面が硬いものに斜めから当たると同じような跳ね返り現象をおこします。これを「跳弾」といいます。当たる角度はさまざまに考えられますが、直角を少しずれただけでも弾丸がまともに跳ね返り、射手に当たることさえごくまれにあります。

ただし、跳弾するのは弾丸を薄い金属で覆ったフルメタル・ジャケット弾です。柔らかな鉛を先端で露出させたソフトポイント弾や、そこにくぼみをもうけたホローポイント弾は跳弾になりにくく、弾丸が砕けたり大きく変形したりしてエネルギーを失います。

弾丸が当たるものがどれくらい硬いかによっても、この現象には差が出てきます。たとえば比較的硬い土の地面に跳ね返るとすれば、立って撃つのではなく片膝をついて撃ったときなど、入射角が低ければ反射角は高くなる傾向があります。逆に入射角が高くなれば、弾丸のエネルギーは地面に吸収され、反射角が低くなるか、跳ね返らない場合もあります。

硬く舗装してある地面に弾丸が当たるとすれば、入射角にさほど関係なく反射角は低くなり、しかもエネルギーはあまり失われません。だから、銃撃戦がおこなわれている戸外の現場に居合わせ、危険を感じて地面に伏せても、駐車場などの硬いコンクリート地面であったら、跳弾に当たってしまいかねません。

弾丸が跳ね返るものが壁であっても同じことです。30度の角度から撃った弾丸は、壁に当たって同じ30度の角度で跳ね返ることはありません。跳弾では入射角と反射角が同じになることはないのです。一般論として、弾丸は当たった角度より低角度で跳ね返ることが多いとされています。

映画『**インデペンデンス・デイ**』— Independence Day —

写真：Album/アフロ

主人公たちは、エリア51内の研究施設に隠されていた宇宙人の戦闘機を再起動させ、防御シールドが効いているか確かめるためにベレッタ92Fで戦闘機を撃つ。ここで防御シールドによって弾丸が激しく跳弾する。跳弾現象を見られる珍シーンだ。

製作：1996年　アメリカ　　監督：ローランド・エメリッヒ　キャスト：ジェフ・ゴールドブラム、ビル・プルマン、他
発売元：20世紀フォックス ホーム エンターテイメント

STORY
インデペンデンス・デイ

独立記念日をひかえた7月2日、ホワイトハウスの大統領は、地球に接近する異常な巨大物体の報告を受ける。物体は異星人の宇宙空母であることが判明、数時間後には十数隻の宇宙船が大気圏に突入した。一方、N.Y.では天才的なコンピューター技師が、宇宙船から発信される電波に秘密が隠されていることに気づく。

跳弾で敵を倒す…?

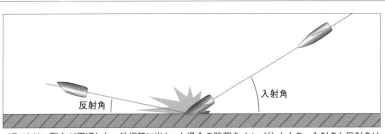

反射角　　　　入射角

イラストは、弾丸が貫通しない鉄板等に当たった場合の跳弾をイメージしたもの。入射角と反射角はいろいろな条件により異なるので、ビリヤードのように跳弾を計算して敵を倒すことは不可能。

銃の分解はかんたんにできる?

かんたんな分解と、そうでない分解がある

　銃の分解には、ふたとおりあります。通常分解と完全分解です。普通分解、精密分解ともいいます。通常分解とは特別な工具を使わず、手入れができる程度に銃を分解することです。英語では「フィールド・ストリッピング」といいます。この場合のフィールドというのは「戦場」のことです。戦場で注油やクリーニングや小さな修理が必要になったときにする分解で、軍用銃はかんたんに分解、組み立てができることが絶対条件です。

　ドライバーやハンマーを使ってやるのはフィールド・ストリッピングといいません。銃工による修理や改造のためにする分解は、「ディスアッセンブリー」といいます。

　どんな銃でも注油やクリーニングや調整が必要なので、かんたんに分解できるに越したことはありませんが、通常分解ができない銃もあります。たとえば、リボルバーです。でも、シリンダーを横に振り出すスイングアウト式なら、注油やクリーニングは比較的容易にできます。リボルバーが軍用として使われていた昔に、唯一工具を使わないで分解できたのは、フランスのM1873、シャメロー＝デルヴィーニュというモデルでした。

　正式に軍用銃になったことのないレバー・アクション・ライフルも、たいてい通常分解ができません。いっぽう同じころに開発され、世界中で軍用となったボルト・アクション・ライフルは、かんたんにボルトを引き抜くことができ、注油やクリーニングはもちろん部品の交換も容易にできます。その後標準的な軍用ライフルとなった全自動のアサルト・ライフルは、作動不良をおこさないよう通常分解できることが必須です。

　戦場では脇役のオートマチック・ピストルも、銃身カバーのようなスライドを容易にはずせて、銃身やばねを取り出せ、手入れができるようになっています。銃の種類にもよりますが、手早くやれば通常分解と組み立てに1分かからないこともあります。

コルト・ガバメントによる完全分解と通常分解

完全分解

コルト・ガバメントを完全分解した状態(写真はモデルガン)。

通常分解

コルト・ガバメントを通常分解した状態。この状態にするのに工具を必要としない。

装弾数表記の「〇〇発＋1」の意味は？

弾倉に入るタマ数と薬室内のタマ

外国の資料やカタログで、銃にタマを込められる数を示すのに「〇〇発＋1」とする表記はほとんどありません。小説や解説書に書かれた文章のなかに、「装弾数は〇〇＋薬室(チェンバー)に1発である」というふうに書かれることはあります。そして、そのように表現されるのは、オートマチック・ピストルに限ったことです。あるいは、「装弾数は〇〇＋チューブ（あるいは、パイプ）に1発である」と書かれていれば、筒形弾倉(チューブラー・マガジン)をそなえたおもにポンプ・アクション式ショットガン（散弾銃）についての表現です。

シリンダーという穴あきの円筒にタマを込めるリボルバー、弾倉(マガジン)に20発とか30発もタマを込められるサブマシンガン（短機関銃）やアサルト・ライフル、金属の環をつなげれば何発でも撃つことが可能になるマシンガン（機関銃）の場合、そのように書かれることはありません。

具体的にいうと、たとえばオートマチック・ピストルの箱形弾倉に7発込められるとすれば、それを満杯にしてグリップのなかに挿入し、薬室に栓（蓋）をするボルトと銃身カバーが一体になったスライドを手で引いて放すと、弾倉のいちばん上にあったタマが薬室に押し込まれます。ここでいったん弾倉を抜き、薬室(チェンバー)に入って欠けた1発を補填してやると、弾倉はふたたび満杯の7発になります。満杯になった弾倉をグリップ内に返してやれば、弾倉に7発、薬室に1発、ということになり、この状態が「装弾数7発＋1」なのです。

銃身が上下に2本あるように見えるが、下のチューブが筒形弾倉になっているショットガンの場合は、その弾倉を装弾(ショットシェル)で満杯にしたあと、先台(フォアエンド)という被筒を前後に操作してやはり薬室に1発入れてから、もう1発を筒形弾倉に補填してやります。

いずれも、装弾数を1発でも多く伝えたいところからくる表現です。

映画『ラストマン・スタンディング』— Last Man Standing —

STORY
ラストマン・スタンディング

黒澤明監督の『用心棒』を、ウォルター・ヒルが1930年代アメリカのギャング社会を舞台にリメイク。アイルランド系とイタリア系の二大勢力が拮抗する町、ジェリコにやって来たスミス(ブルース・ウィリス)は、二丁拳銃の凄腕ガンマン。彼を取り込もうとする双方の間を上手く泳ぐスミスだったが、やがて手の内が露見、窮地に陥ってしまう。

写真：AFLO

製作：1996年　アメリカ
監督：ウォルター・ヒル
キャスト：ブルース・ウィリス、クリストファー・ウォーケン、他
配給：ニュー・ライン・シネマ、ギャガ＝ヒューマックス

スミスの両手にはコルト・ガバメント。事前に7発を装填した弾倉を多数用意し、それを惜しげもなく敵対する相手に撃ち込む。残された死体の山と弾痕の多さに誰もが複数による襲撃と思ってしまう。薬室にも1発入れておけば、両手で16発も悪党に撃ち込めるのだ。

弾倉に7発

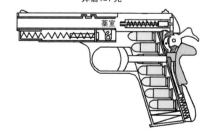

弾倉に7発+薬室に1発

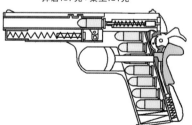

安全装置のない銃がある?

安全装置がないように見えても必ずある

　手でかけたりはずしたりして操作する安全装置がなくても、銃にはかならず安全装置があります。安全装置がないに等しいといわれるオートマチック・ピストル、グロックにだって、内蔵安全装置のほかに安全装置があります。ただ、グロックが民間市場に出たころには、独特の安全装置が暴発を防ぐどころか誘発する事故がたびたびありました。

　グロックは、トリガー・セイフティという外部安全装置を組み込んでいます。引き金にもうひとつレバーが埋め込んであって、その後方がフレームにつっかえています。引き金に指をかけて引けばそのレバーも引かれてつっかえが解除され、発砲できます。引き金に指をかけなければぜったいに発砲できないのですが、アメリカでは開発国のオーストリアから輸入された初期のころ、ホルスターに入れてあるグロックに手をかけた警官が引き金にまで指をかけ、何度か暴発事故をおこしました。引き金が軽かったのと、取り扱いに不馴れだったせいでした。その後この安全装置は周知され、状況は改善されました。

　安全装置は暴発などの事故を防ぐためにあるものですが、じつは良くない点もいくつかあるのです。外からかけたりはずしたりするものだと、かけ忘れ、はずし忘れも意外に多くあります。護身用にピストルを所持したのはいいが、銃に不馴れなためいざというとき安全装置をはずし忘れ、不幸な目に遭った例はたくさんあります。もうひとつは製造コストが高くなることです。必然それは値段にもはね返ります。それで、内蔵安全装置があれば充分という考え方で、手動の安全装置を省略してしまったのが、SIGザウアーのP220シリーズというオートマチック・ピストルです。フレームの左サイドにはレバーがありますが、これは「デコッキング・レバー」といい、押し下げると起きていた撃鉄を安全に元へ戻せます。レバーは自動的に戻り、引き金を引けばすぐまた発砲できます。

代表的なオートマチック・ピストルの安全装置

グロック17

トリガー・セイフティの仕組み

引き金

でっぱり
トリガー・セイフティ

引き金にもう一つレバーが埋めこんであって、その後方がフレームにつっかえている。引き金に指を掛けて引けば、そのレバーも引かれてつっかえが解除され、発砲できる。

SIG P220シリーズ

■ デコッキング・レバー
░ デコッキング・レバー用バネ

デコックした状態
（グリップ・パネルをはずした状態）

デコッキング・レバーを下におろせば、起きている撃鉄が矢印方向へ落ちるが、下部のセイフティ・ノッチの溝に引っかかって撃針を打つまでにはいたらない。レバーも、バネによって自動的に元の位置に戻る。DAの状態となるので引き金が重く暴発しにくくなる。

セイフティ・ノッチ
（溝）

強盗にリボルバーやオートマチックを突きつけられて身を守る手はある?

銃口に指を突っ込むのは漫画の世界の話

　昔の漫画や小説に、向けられた銃口に指を突っ込めばピストルを握っているほうの手が吹き飛ぶ、という描写がありますが、現実にはありえません。だいいち、50口径でもないかぎり、指を銃口に突っ込むことさえまずできません。

　でも、ある条件下では発砲を防ぐことができます。リボルバーとオートマチック・ピストルの作動のしかたをそれぞれ考えればわかります。まずリボルバーですが、引き金を引けば発砲できる一般的なダブル・アクションのリボルバーは、引き金を引くときかならずシリンダーが同時に回転します。だから、間近で銃口を突きつけられたら、すばやくシリンダーを握ってしまえばいいのです。シリンダーが回転しなければ、引き金も引けません。

　引き金と撃鉄が連動していないシングル・アクション・リボルバーか、あるいはダブル・アクションでもすでに撃鉄が起こされている場合は、シリンダーを握っても役に立ちません。引き金が引かれれば弾丸は飛び出てきます。

　オートマチック・ピストルの場合は、作動がショート・リコイル式 (80ページ参照) であることが条件になります。もちろんタマがすでに薬室(チェンバー)に入っている場合です。ショート・リコイル式のオートマチック・ピストルを間近で突きつけられたら、手のひらかなにかで銃口をぐいと押してやればいいのです。スライドと銃身が少し後退したら、引き金は無反応になります。いくら引き金を引いてもスカスカで、弾丸は飛び出しません。反動を利用して作動するショート・リコイル式は、スライドが少し後退すると「ディスコネクター (ディス=不…、非…、無…の意+コネクター=連結器)」というパーツが働いて、引き金と撃発を起こすための部品の連結を断ってしまうからです。

　吹き戻し(ブローバック)式やガス利用式を突きつけられたら、スライドを握って後退させれば同じことが期待できますが、ばねが硬くて後退させるのが容易でなく、現実的とはいえません。

銃を突きつけられたら…

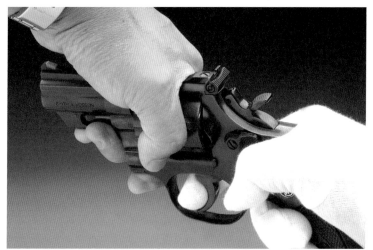

ダブル・アクションのリボルバーのシリンダー部分を握りしめると引き金は引けなくなる。ただし、撃鉄が起きていれば撃たれる!!

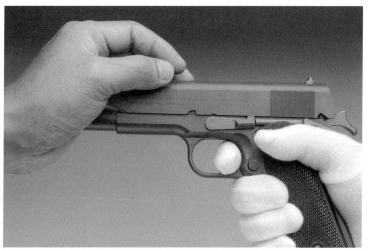

ショート・リコイル式の代表格であるコルト・ガバメント。写真のように少しでもスライドを後退させれば引き金は引けなくなるが、容易ではない。

「ジャム」「ジャムる」とはどういう意味?

機械的トラブルや人為的ミスによる作動不良

　"ジャム"というのは、「詰まる、からんで動かなくなる」という意味の動詞ですが、銃に関して使うときはわざと"(銃が)ジャムる"などという言い方をします。名詞は"ジャミング"で、「給弾不良」と「排莢不良」の両方を表します。ほかに"マルファンクション"という用語もあり、これは「作動不良」と訳されます。

　給弾不良というのはおもに自動で作動する銃におこる不具合で、タマが薬室にきちんと入らずボルトで栓(蓋)ができないことです。原因はさまざまですが、よくあるのは弾丸の形状の違いによっておこる場合です。先端が丸い弾丸を薄い銅で覆ったタマならスムースに薬室に入るのに、先端がくぼんだホローポイント弾とは相性が悪くてトラブルがおこりがち、ということもあります。また古い9mm拳銃は現在市販されている9mm弾をうまく受け付けない場合があるようです。

　排莢不良というのは、自動で作動する銃が空薬莢をうまく外に蹴り出せないで、出口の穴にひっかかってしまう不具合です。これも原因はさまざまで、空薬莢を引っかけて後退させる排莢器という部品に問題がある場合もあるし、とくにオートマチック・ピストルでは撃ち方に問題がある場合があります。なかでも反動を利用するオートマチック・ピストルは、銃をしっかり正しく握って撃たないと、反動をうまく利用できません。握りがあまいと、発砲の直後に銃が手のなかで踊ったりして、反動がちゃんとうしろに伝わらないのです。その結果、排莢器が付属したスライドの後退が弱くなり、排莢不良がおこります。

　また、映画などで見る銃を寝かせて撃つやり方はジャミングをおこしやすいといわれたりしますが、"横撃ち"が原因でジャミングがおこることはめったにありません。映画では派手に見せる演出でも、現実の状況では横撃ちが避けられない場合もあります。

映画『バイオハザードⅡ アポカリプス』 ― Resident Evil:Apocalypse ―

写真：Jerry Watson/Camera Press/AFLO

アンデッドに囲まれオートマチック・ピストルで応戦するが敵の多さに万事休すの場面で、こめかみに拳銃を当てて自殺しようとするが不発…。タマ切れだったらスライド・ストップしているはず？ ジャムっていたら引き金も引けないはずだが…。

製作：2004年 アメリカ 監督：アレクサンダー・ウィット キャスト：ミラ・ジョヴォヴィッチ、シエンナ・ギロリー、他 配給：ソニー・ピクチャーズ・エンタテインメント

STORY
バイオハザードⅡ アポカリプス

事態の隠蔽を図るアンブレラ社により封鎖されたラクーン・シティ。アンデッドに支配された街で、生き残った人々とともに戦い続けるアリス（ミラ・ジョヴォヴィッチ）だったが、ウィルス汚染を一掃するため核ミサイルの投下が決定される。猶予は4時間。恐怖と混沌の中、アリスたちはシティを脱出することができるのか!?

オートマチック・ピストルで射撃後、空薬莢がうまく排出されず出口に引っかかってしまった状態。この状態を「ストーブ・パイプ」ともいう。

ガク引きの意味は?

ガクンと引く、ぴくっと引く

「引き金は"引く"んじゃなくて"絞る"んだ」という台詞をどこかで聞いたり読んだりしたことはないでしょうか? これは、「ガク引き」を戒める言葉です。この言葉を英語でなんというか考えると、少しわかりやすくなります。英語では「triggerjerk」といいます。ジャークとは、「ガクンと引く、ぴくっと引く」というような意味ですから、「ガク引き」とはおもに初心者が気負ったり緊張したりして、反射的に引き金を強く引いてしまうことです。そうすると、弾丸が銃口から飛び出るまでのほんの短時間のあいだに銃がブレてしまい、的をはずす結果となります。

射手が陥りやすい習癖に、「フリンチング」という症状があります。ガク引きとほぼ同じ意味としている解説もときどき見られますが、やはり英語で考えると違うことがわかります。フリンチ（flinch）とは、「尻込みする、たじろぐ」というような意味で、そもそもガク引きとは意味が違います。引き金を引いた瞬間に体が萎縮し、無意識に動いてしまうのがフリンチングで、この症状は直後の反動で帳消しにされてしまうため自覚症状がありません。なにか要因があって引き金を引くことが精神的ストレスになり、プレッシャーが筋肉に作用して無意識に体がぴくっと動いてしまう現象なので、初心者におきる症状とはかぎらないのが特徴です。

結果的にガク引きもフリンチングも狙ったところに弾丸が当たらないのですが、ガク引きは練習によって修正、克服できます。でも、フリンチングは自覚症状がないので癖になることがあり、なおすのがやっかいだといわれます。フリンチングのなかでも反動の強さをこわがる症状は、引き金を引いた瞬間銃口を下に向けていることが多いので、現象として着弾が下になりがちです。

ガク引き = 緊張から反射的に引き金を強く引いてしまうこと

フリンチング = 体が萎縮し、無意識に動かしてしまうこと

ガク引きやフリンチングは銃のタイプで異なるのか？

┃コルト・ガバメント

シングル・アクション機構の拳銃（写真はガバメント）の引き金部分は、写真のように引きしろが短いのでガク引きの心配が少ない。

┃ベレッタ M92FS

ダブル・アクション機構の拳銃（写真はベレッタ92FS）の引き金部分は、写真のように引きしろが長いのでガク引きがおこりやすい。

サイレンサーは銃口の**内側**に付ける？ それとも**外側**に付ける？

サイレンサーはそんなに簡単にはつけられません

　拳銃にサイレンサーを付ける映画の場面でよく見るのは、筒状のサイレンサーを取り出していきなり銃口へもってくると、そこへ嵌め、くるくるまわすシーンです。いぶかしく思ったことはありませんか？

　くるくるまわして取り付けているのだからネジが切ってあるのだろう。でも、どこに？　リボルバーの場合は銃身先端の上にフロントサイトが載っているから、銃口の内側に？　ではオートマチック・ピストルの場合は？　どっちにしても銃口の内側に嵌め込んだら、弾丸の通り道がせまくなってしまうのでは？

　そのとおりです。だいいち、かりにリボルバーにサイレンサーを付けたとしても意味がないことはもう常識です。銃身後端とシリンダーのあいだのすき間から音が漏れてしまうからです。サイレンサーを取り付けることをはじめから想定して造った特殊なリボルバーでないと、ありえないことです。まして、市販のリボルバーの銃口にくるくるまわしてサイレンサーを付けるなんて。

　では、オートマチック・ピストルなら効果がある？　銃声を"消す"ことはできませんが減音の効果はあります（74ページ参照）。ただし、銃口の内側に嵌め込んだら弾丸が通れなくなりますから、銃口の外側から取り付けます。でも、最初からネジを切ってある銃身など、ほんのわずかな例外をのぞいてありません。だから、外周にネジを切ってあって、銃身カバーであるスライドから少し突き出る長めの銃身を用意して、あらかじめ取り替えておかなければサイレンサーは付けられません。ポケットからサイレンサーを取り出し、市販品のピストルにいきなり付けるなんて、リボルバー同様無理なのです。

　ネジでなくワンタッチで銃身外周に嵌め込めるタイプもありますが、これもそのサイレンサーを嵌め込めるよう造られた長めの銃身と交換してからでないと、装着は無理です。

M39にサイレンサーを付ける方法

スミス＆ウェッソン　M39

― スライドから少し突きでる銃身に交換

ネジが切ってある

弾丸がとおる穴

サイレンサーの内部構造

― この隔壁によって発射音を減音する

007 ゴールデンアイ

製　作：1995年　イギリス、アメリカ
監　督：マーティン・キャンベル
キャスト：ピアース・ブロスナン、イザベラ・スコルプコ、他
発売元：20世紀フォックス ホーム エンターテイメント

　劇中の設定によると、殺人許可証を与えられてる00（ダブル
オー）要員たちが携帯する拳銃はワルサー社のPPシリーズをベース
にしている。本作冒頭でもワルサー PPシリーズのサイレンサー付
モデルを007と006両名が工場内銃撃戦で使用している。

写真：Album/アフロ

STORY
007 ゴールデンアイ

米ソ冷戦時代、007こと英国諜報部(MI6)ジェームズ・ボンド(ピアース・ブロスナン)が、親友の006ことアレックを失うことから物語は始まる。それから9年後に冷戦は終結するも、米ソが極秘裏に開発した軍事衛星"ゴールデンアイ"を巡って、ロシアや世界的犯罪組織ヤヌスが暗躍。それを阻止せよと命を受けたボンドは危険な任務に赴く。

バンプファイアーとはなにか?

超高速のセミ・オートマチック(バンプファイアー)

　2017年10月1日、アメリカで、おそれていたことが現実となってしまいました。ネヴァダ州ラスヴェガス在住のスティーヴン・パドックという男が、あるホテルの32階からライフルを乱射し、結果的に58人もの命を奪い、546人を負傷させたのです。パドックが無差別乱射に使ったのは、ダニエル・ディフェンスDDM4というAR-15型ライフルで、バンプストックという市販の銃床を装着していました。

　バンプストックというのは、もともとセミ・オートマチック(単射)でしか撃てないライフルを、機械的な改造をいっさいおこなわずに、フル・オートマチック(連射)で撃てるよう改造するものです。標準の銃床を取り外し、前後に可動式の市販品バンプストックを取り付けるのです。銃床の取り替えだけで機械的な改造をおこなわないので、法の規制にひっかかりませんが、瞬時に何十発も撃てるようになるので、いつかこれが悪用されるのではないかと危惧されていました。

　この銃床を取り付け、ライフルを肩当てでも腰だめでもしっかりと保持し、引き金を引くと、反動で銃は後退しますが、銃を保持した手が惰性で銃を押し戻すため引き金が引かれっぱなしの状態になり、銃はいわば超高速のセミ・オートマチック(バンプファイアー)で連射されるのです。

　ラスヴェガスの男は結局つかまるまえに自害しましたが、おそれていたことが現実になり、翌年の1月にはマサチューセッツ州が先陣を切ってバンプストックの所持を禁止し、2月にはトランプ大統領もバンプストックの規制に乗り出したのでした。

　この射撃のようすを見たければ、bump stock、あるいはbump fireという言葉をキーワードにして、ネット検索すれば動画で見られます。

バンプファイアーのメカニズム

DDM 4

キャリング・ハンドル+リアサイト

チャージング・ハンドル

ケース・デフレクター

ガス・シリンダー

フロントサイト

排莢口

組み込む

ボルト・フォワード・アシスト・ノブ

ハンドガード

マガジン・キャッチ

フラッシュハイダー

反動によってスライドする

引き金カバー

切り替えつまみ

市販のバンプ・ストック

引き金部分の立体拡大図

著者　小林宏明（こばやし　ひろあき）

1946年、東京生まれ。明治大学文学部英米文学科卒。
翻訳家、エッセイスト。
アメリカのカウンター・カルチャー、ロック、ミステリー、犯罪ノンフィクションなど、幅広いジャンルで翻訳を手がける。訳書はすでに150冊を超え、主なものにレイモンド・チャンドラー『レイディ・イン・ザ・レイク』（ハヤカワ・ミステリ文庫）、ジェイムズ・エルロイ『LAコンフィデンシャル』（文藝春秋）、ジェイムズ・パタースン『多重人格殺人者』（新潮文庫）、リー・チャイルド『前夜』（講談社文庫）、『全米ライフル協会（NRA）監修　銃の基礎知識』『AK-47　世界を変えた銃』（学研）など。著書には『歴群［図解］マスター　銃』（学研）、『小林宏明のGUN講座／ミステリーが語る銃の世界』『小林宏明のGUN講座2　／ミステリーで学ぶ銃のメカニズム』（エクスナレッジ）、『図説　銃器用語事典』（早川書房）がある。

カラー図解
これ以上やさしく書けない 銃の「超」入門

2018年12月11日　第1刷発行
2023年7月29日　第4刷発行

著　者 .... 小林宏明

写　真 .... アフロ／古賀 憲
イラスト .... 小林宏明／古賀 憲
編　集 .... 古賀 憲／森本孝男
デザイン・DTP .... 川瀬 誠

発行人 .... 松井謙介
編集人 .... 長崎 有
編集長 .... 星川 武

発行所 .... 株式会社　ワン・パブリッシング
　　　　　　　　　　　　　 〒110-0005　東京都台東区上野3-24-6

印刷所 .... 岩岡印刷株式会社

この本に関する各種お問い合わせ先
内容等のお問い合わせは、下記サイトのお問い合わせフォームよりお願いします。
　　https://one-publishing.co.jp/contact/
不良品（落丁、乱丁）については Tel 0570-092555
業務センター 〒354-0045 埼玉県入間郡三芳町上富279-1
在庫・注文については書店専用受注センター Tel 0570-000346

ワン・パブリッシングの書籍・雑誌についての新刊情報・詳細情報は、下記をご覧ください。
https://one-publishing.co.jp/
歴史群像ホームページ.............https://rekigun.net/

※本書は2018年12月に学研プラスから刊行されたものです。